长江中游高标准通航综合水利工程体系建设理论及关键技术

CHANGJIANG ZHONGYOU GAOBIAOZHUN TONGHANG ZONGHE SHUILI GONGCHENG TIXI JIANSHE LILUN JI GUANJIAN JISHU

马方凯 陈英健 主编

长江出版社
CHANGJIANG PRESS

图书在版编目（CIP）数据

长江中游高标准通航综合水利工程体系建设理论及关键技术 / 马方凯，陈英健主编．—武汉 ：长江出版社，2021.11
（长江中游多目标协同大型人工水道关键技术丛书）
ISBN 978-7-5492-7885-5
Ⅰ．①长… Ⅱ．①马… ②陈… Ⅲ．①长江中下游－水利工程－体系建设－研究 Ⅳ．① TV882.2

中国版本图书馆 CIP 数据核字 (2021) 第 237540 号

长江中游高标准通航综合水利工程体系建设理论及关键技术
马方凯 陈英健　主编

责任编辑： 张蔓
装帧设计： 王聪
出版发行： 长江出版社
地　　址： 武汉市江岸区解放大道 1863 号
邮　　编： 430010
网　　址： http://www.cjpress.com.cn
电　　话： 027-82926557（总编室）
027-82926806（市场营销部）
经　　销： 各地新华书店
印　　刷： 武汉市首壹印务有限公司
规　　格： 787mm×1092mm
开　　本： 16
印　　张： 6.25
字　　数： 140 千字
版　　次： 2021 年 11 月第 1 版
印　　次： 2022 年 7 月第 1 次
书　　号： ISBN 978-7-5492-7885-5
定　　价： 28.00 元

主 编

马方凯　陈英健

编委会成员

尹　靓　赵潜宜　朱捷缘　姜尚文　李千珣

目录

第1章 概 述

“长江中游高标准通航综合水利工程体系建设理论及关键技术研究”任务来源于2016年国家重点研发计划“水资源高效开发利用”重点专项，是“重大水利枢纽通航建筑物建设与提升技术”项目（项目编号：2016YFC0402000）课题五“长江中游多目标协同大型人工水道关键技术”（2016YFC0402005）所属专题一。

1.1 研究背景

长江黄金水道横贯我国东、中、西部地区，是长江经济带发展的基本依托和沿江综合立体交通走廊建设的基本支撑，一直是全国内河水运建设发展的重点。经过长期发展，长江航运实现了由原来交通运输的“瓶颈制约”到与国民经济社会发展总体需求“基本适应”的重大跃升，有力促进了流域经济社会发展和长江经济带建设。自2005年以来，长江就一直是世界运量最大、通航最繁忙的河流。2018年，长江干线完成货物通过量26.9亿t，集装箱吞吐量1750万TEU，三峡船闸通过量达1.44亿t，均创历史最好水平。

国务院于2011年初印发《关于加快长江等内河水运发展的意见》，首次把内河水运发展提升到国家战略层面；2014年9月出台《关于依托黄金水道推动长江经济带发展的指导意见》，提出的首要任务就是“提升长江黄金水道功能”。2016年出台《长江经济带发展规划纲要》，提出要着力推进长江水脉畅通，把长江全流域打造成黄金水道，全面推进干线航道系统化治理，进一步提升干线航道通航能力。2016年9月，习近平总书记明确指出，“十三五”是交通运输基础设施发展、服务水平提高和转型发展的黄金时期，要抓住这一时期，加快发展，不辱使命，为实现中华民族伟大复兴的中国梦发挥更大作用。得益于国家高度重视，通过不断发展，长江航运已经处在一个更新更高的发展平台上。作为综合交通运输体系的重要一环和交通强国建设的重要支撑，加快建设长江黄金水道、大力发展现代长江航运，对于实施长江经济带战略具有十分重要的意义。

虽然长江航运发展取得了辉煌成就，但与流域经济社会发展要求相比，还存在上游“梗阻”、中游“瓶颈”、下游“卡脖子”、支流“不畅”等问题，航道通过能力仍然不足。特别是中游荆江航道，水深与上下游相比都明显偏低，没有有效衔接，航道整体效能发挥受限。此外，地方政府对长江航运发展也有更高的期待，迫切要求进一步提高通过能力，中游段正大力推进

“645 工程”，即长江武汉至安庆 6m、宜昌至武汉 4.5m 水深航道整治工程。

2013 年 7 月，习近平总书记在武汉考察时指出要“打造全流域黄金水道”。长江中游宜昌至武汉段航道是实现长江全流域黄金水道重中之重的控制性区段。针对经济社会发展要求，以及长江航运特别是中游航道发展的问题，以长江中游新水道为主体的宜昌至武汉深水航道建设方案被提了出来。湖北省为贯彻落实国务院《关于依托黄金水道推动长江经济带发展的指导意见》，于 2015 年 6 月出台了《省人民政府关于国家长江经济带发展战略的实施意见》，提出要提升长江中游黄金水道功能，开展长江中游新水道工程研究，并被列入湖北省国民经济和社会发展“十三五”规划。

国家重点研发计划课题“长江中游多目标协同大型人工水道关键技术”旨在通过开展多目标协同大型人工水道建设相关科学问题的理论创新研究，提出通航万吨船舶的长江中游新水道的系统解决方案和成套技术。研究成果将在提升长江黄金水道功能、落实长江大保护、推动区域经济社会发展等方面都具有重要意义。

长江中游新水道是一项大型的系统性工程，建设任务主要为航运，兼顾防洪排涝、供水灌溉与水生态环境保护，并带动新型城镇化建设，促进经济社会发展。该工程连接长江中游枝城与簰洲湾，将构建以新水道和长江干线为主轴、沟通区域水系的中游航运网络，提升黄金水道航运功能，保障航运安全，并提高区域水资源、水生态环境承载能力。

因此，分析长江中游现状开发与保护存在的问题与发展需求，构建多目标协同航运优化决策模型，研究基于优化目标下的航运、生态环境保护、防洪、水资源利用等综合水利工程体系建设关键技术，是变上述构想为现实的先决条件与重要手段，可为长江中游大型人工水道建设提供必要性论证。

1.2 河流健康评价研究进展

作为构建多目标协同航运优化决策模型的基础，河流健康评价一直是学者们关心的话题，各国开展了大量的研究并发展成现在的多种河流健康评价方法。西方国家在这方面的研究较早，代表性的国家如美国、英国、澳大利亚和南非等，且有一些相对成熟的河流健康评价方法得到了应用。

美国在 1972 年颁布的《水污染控制法》用于恢复和维护水域的生态完整性，后面又得到不断改进。1981 年 Karr 提出基于鱼类的生物完整性指数（IBI）河流评价方法，后又加入其他生物种类。1982 年 Hughes 等构建了生物完整性评价框架，并提出关于生物完整性定义的监测和评价方法。美国环保署（EPA）在河流健康方面做了大量的工作，1989 年提出快速生物监测协议（RBPs），该协议成为美国河流健康评价的重要参考标准。2006 年 EPA 又提出了不可徒涉河溪的生物评价概念和方法，并进一步提出大型河流生态系统的环境监测与评价计划。经过 20 世纪几十年的大量研究实践，美国已经形成了相对完善的河流健康评价体系。

20世纪90年代,英国应用建立的河流保护评价系统(SERCON),有效地对河流自然保护价值进行评估。另外,还开展了河流生境调查(RHS),对河流生态环境的自然特征和质量加以评价。此外,以河流无脊椎动物分类和预测(RIVPACS)为基础,建立河流生物监测系统,并采用这套系统对河流健康进行评价,验证其实用性。

澳大利亚在PIVPACS的层面上经过改进得到AUSRIVAS,1992年在国家河流健康计划(NRHP)中采用了该方法。澳大利亚自然资源和环境部开展的溪流状态指数(ISC)采用河岸带状况、形态特征、河流水文、水生生物和水质5个方面共22个评价指标评价河流管理干预在河流恢复和长期管理中的有效性,进一步反映河流健康状况,推动河流管理的发展。2005年《澳大利亚水资源2005》报告对水资源进行了基线评价,并提出了澳大利亚河流及湿地的健康评价框架。

1994年,南非的水事务和森林部共同开展了“河流健康计划”(RHP),将包含河岸植被、水文和水质等的7个河流生境状况作为河流健康的评价指标,给河流生物监测提供了良好的框架,促进了长期的河流健康监测报告机制的建立。除此之外,快速生物监测计划在南非演变成生境综合评价系统(IHAS),该系统包含了大型无脊椎动物、植被、底泥及河流等与生境相关的物理条件。

国外对河流健康的研究主要集中在水质、水生态、水文等河流自然属性方面的研究。国内学者在对河流自然属性开展研究的同时,将河流的社会服务功能加入其中,取得了一定的成果。

2003年,黄河水利委员会主任李国英在首届黄河国际论坛上提出将“维持河流健康生命”作为第二届黄河国际论坛的主题。2011—2012年黄河水利委员会根据水利部《河流健康评估指标、标准与方法(试点工作用)》文件要求,在全国第一次开展了高度人工化河流的健康评估工作,其实践成果也为其他河流健康评价提供了参考。胡春宏等(2008)评价了黄河下游河道健康状况,建立了相关评价体系。

2005年的首届长江论坛上,长江水利委员会正式出台了健康长江评价指标体系,这是中国首个用数值表达的定量指标,它包含了18个指标,反映了健康长江管理的组成内容;并提出“维护健康长江,促进人水和谐”的新概念。王龙等(2007)则结合主成分分析法和聚类分析法提出了健康长江的评价标准和分类标准,推进了河流健康理论的发展。

2005年,珠江水利委员会提出了“维护珠江健康生命,建设绿色珠江,当好河流代言人”的治水新思路,给以后的珠江治理指明了方向。2006年,珠江水利委员会宣布珠江有了自己的河流健康评价指标体系,进一步推动了中国河流健康指标工作的发展。林木隆等(2006)从自然属性和社会属性两方面分析了珠江流域河流的健康状况,建立含4个层次的珠江健康评价指标体系,评价了珠江的健康状况。

多指标评价法是先依据评价标准对调查河流的生物、化学和形态特征指标等打分,再通过计算每项指标的权重,最后累计得到总分,这个总分就反映河流的健康状况。IBI、RCE、ISC和RHS等就是这种类型的代表方法,在很多西方国家已率先得以应用。这种方法的缺点是考虑因素多，评价标准多，受评价者主观因素影响较大，还有部分指标难以量化，所以精度有所欠缺。国内采用此种方法研究河流健康的较多。李朝霞等(2012)采用综合评价法建立河流生态系统健康评价指标体系，也有学者在多指标评价法基础上，结合现代技术进行研究。为了能高效且有效地合理评价河流健康，王蒙蒙(2013)结合 GIS(地理信息系统)技术评价了重庆市长寿区桃花河的健康状况。刘倩等(2014)、翟晶等(2016)分别基于模糊物元模型和协调发展度评价模型评价滦河健康情况，都得出滦河处在亚健康状态的结论。王兴顺等(2014)、王明阳等(2016)对指标值采用盲数化处理，使评价过程更加客观和全面。在河流评价过程中会存在很多不确定因素，为了减少这些因素的干扰，张喜等(2014)采用正态隶属度的集对分析模型对中运河进行健康评价。这些技术方法的应用结合都在一定程度上弥补了多指标评价法的缺点，减弱了指标选定的主观性，使河流健康评价更加合理客观。

综合分析国内外研究发现，河流生态系统健康的研究已经取得了丰硕的成果，但现有的河流生态系统健康评估仍存在以下几个问题：

(1)部分研究方法如指示生物法，分析水生生物对于水环境的敏感性和忍耐力，指标明确，方便监测，但主要针对水生态健康的某一方面，评估不够全面。

(2)采用综合指标评价时，水质、水文等方面指标众多，需要对胁迫因子展开分析，提高准确度。现有的河岸带健康内涵研究匮乏，对胁迫因子分析不足，选取大量指标“堆砌”，缺少目的性，没有提取出代表性强、敏感度高的指标，加大了评估的难度。

(3)河流健康评价时涉及指标众多，所采用的评价方法主观性较强，受评价人员的主观意志和经验影响较大，部分技术方法在一定程度上削弱了评价结果的主观性，但未考虑进行置信度和不确定性处理，无法有效解决部分指标体系所呈现出的模糊性问题。

现有河流健康评估存在评估不够全面、评价指标针对性不足、模糊性和不确定性处理能力欠佳等问题，且评价模型主要以强调和维持河流自然功能为核心，一定程度上忽略了河流开发这一重要的社会功能，未能有效调节好保护与开发之间的平衡，围绕航运发展评价、决策的模型相对较少。针对长江中游现状“中梗阻”问题，需构建以航运功能提升为核心、统筹兼顾开发与保护、实现多目标协同发展的决策模型。

1.3 长江中游新水道概况

为维持或提升通航能力，工程上多通过航道整治来改善航道条件。同时，国内外有很多新开航运通道的成功经验，如德国连接美因河与多瑙河的运河体系、美国连接五大湖与纽约港的伊利运河、我国的京杭大运河等。通过人工水道构筑内陆航道网，已成为航道体系建设的重要手段。水系之间通过运河相互沟通，不仅能形成四通八达的航运网络，有利于货物的直达运输，还能构建区域安全、绿色、生态水网，保障区域防洪、供水和生态安全。

长江中游新水道拟定线路以枝城、荆州、簰洲湾为控制节点，分上下两段，在荆州观音寺附近跨越长江，线路全长约 230km，较长江干线缩短里程约 260km。新水道上段(枝城至荆州)位于长江以南,长约65km,其中31km利用松滋河及采穴河现有河道,采穴河至运河出口雷洲村34km为新开挖水道;新水道下段(荆州至簰洲湾)位于长江以北,长约165km,跨越长江干线后以观音寺闸为进口,向东至新沟镇新开挖河道70km与东荆河相连,继续向东利用东荆河原有河道疏浚扩挖95km,至武汉市汉南区的簰洲湾新滩口处入长江。参照2018年四季度价格水平,长江中游新水道匡算投资为675.46亿元,其中工程部分静态总投资344.85亿元,建设移民征地补偿投资132.81亿元,交通恢复投资197.80亿元。

(1)新水道上段(枝城至荆州)

新水道上段以松滋口为进口,经松滋河、采穴河,向东穿越涴市蓄滞洪区、虎渡河和荆江分洪区,于雷洲村附近进入长江。

新水道从陈二口进入松滋河,疏浚现状河道,经23km至大口附近建设松滋河交叉枢纽、采穴河出口杨家垴闸,维持新水道松滋河和采穴河段的水位,疏浚采穴河现状河道8km;采穴河灵钟寺附近建设1座船闸穿越荆南长江干堤,下接人工水道34km,钟灵寺船闸的作用是控制人工水道段较低的水位,避免在荆江分洪区和涴市扩大区内建设高堤防影响蓄滞洪区分洪时洪水扩散;在入江处建设雷家洲船闸克服长江与人工水道的水头差;建设涴里隔堤节制闸保障涴市扩大分洪区安全;建设虎渡河交叉枢纽实现新水道与虎渡河沟通。上段利用现状河道31km,开挖人工水道34km。

(2)新水道下段(荆州至簰洲湾)

新水道下段位于长江北岸,以观音寺(或江陵附近)为进口,向东至新沟镇与东荆河相连,利用东荆河现有河道继续向东,至武汉市汉南区的簰洲湾新滩口处接长江主水道。

主要建设内容包括:疏浚河道95km、新开运河70km,最低运行水位为26.5m;进口观音寺、出口簰洲湾及新沟镇附近共修建3个船闸以解决水位变化带来的影响;沿线修建西干渠、四湖总干渠、东荆河新沟、杨林尾交叉枢纽各1座,实现新水道与支流水系沟通;修建新沟泵站用于将汛期由总干渠上游汇入运河中的洪水及观音寺船闸、新沟船闸运行时的耗水排入东荆河。

1.4 研究目标

依据长江中游开发与保护现状中存在的问题与发展需求,提炼出评价指标体系,构建多目标协同航运优化决策模型,在此基础上研究提出基于优化目标下的航运、生态环境保护、防洪、水资源利用等综合水利工程体系建设方案。

1.5 研究内容

(1)梳理长江中游自然地理及经济社会概况,分析长江中游开发与保护现状中存在的问题,研究提出长江黄金水道航运发展需求及长江大保护和区域发展背景下长江中游综合需求。

(2)以破解长江中游航道“中梗阻”为目标，将基于层次分析法(AHP)的证据推理方法用于长江中游多目标协同航运优化决策效果评价，依据长江中游航道相关影响因素提炼指标体系并确定指标权重，构建多目标协同航运优化决策模型，对现状长江中游航道整体指标进行评价。

(3)以多目标协同航运优化决策模型为手段，破除航道“中梗阻”现象为目标，研究基于优化目标下的航运、生态环境保护、防洪、水资源利用等综合水利工程体系建设关键技术，提出长江中游综合水利工程体系建设方案。

1.6 技术路线

本研究技术路线见图 1.1-1。

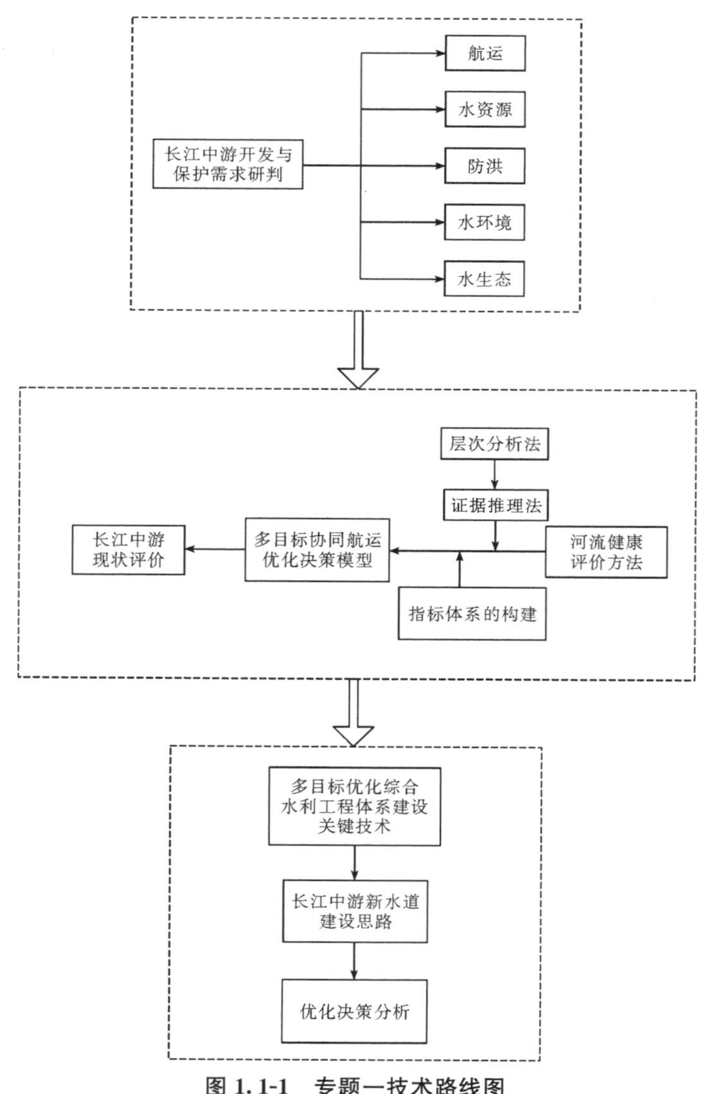

图 1.1-1　专题一技术路线图

1.7　主要结论

（1）分析指出了长江中游开发与保护过程中面临的航道“中梗阻”、水资源保障能力不足、水环境污染风险增加、水生态系统退化趋势加剧、防洪形势严峻等一系列问题。

（2）首次将基于层次分析法（AHP）的证据推理方法用于长江中游多目标协同航运优化决策效果评价，构建了多目标协同航运优化决策模型；根据德尔菲法收集的专家问卷结果进行模型计算，结果表明，现状长江中游流域整体指标处于“一般”的状态，在通航水深保证率、珍稀水生生物存活状况等指标处得分情况欠佳。

（3）提出了长江中游新水道工程方案，即构筑以新水道为长江航运主通道，以长江干流自然通道建设绿色生态廊道的“双通道”新格局。利用长江中游多目标协同航运优化决策模型分析，结果表明，新水道建设后，长江中游流域整体指标处于“好”的状态，且新水道建设后在所有指标上的不确定置信度比建设前有所降低。

第2章 长江中游开发与保护需求分析

长江中游指宜昌至湖口段，主要涉及湖北、湖南和江西三省，是长江黄金水道连接东西、沟通南北的关键通道，是建设长江经济带综合立体交通走廊和绿色生态廊道的重要支点，也是实施促进中部地区崛起战略、全方位深化改革开放和推进新型城镇化的重点区域。

2.1 长江流域概况

长江流域是指长江干流和支流流经的广大区域，横跨中国东部、中部和西部三大经济区，共计19个省(自治区、直辖市)，是世界第三大流域，流域总面积180万km^2，占中国国土面积的18.8%。长江资源丰富，支流和湖泊众多，横贯哺育着华夏的南国大地，形成了我国承东启西的现代重要经济纽带。

2.1.1 自然地理概况

长江发源于青藏高原的唐古拉山主峰各拉丹冬雪山西南侧，干流全长6300余km，总落差约5400m，横贯我国西南、华中、华东三大区，流经青海、四川、西藏、云南、重庆、湖北、湖南、江西、安徽、江苏、上海等11个省(自治区、直辖市)注入东海，支流展延至贵州、甘肃、陕西、河南、浙江、广西、广东、福建等8个省(自治区)。流域西以芒康山、宁静山与澜沧江水系为界；北以巴颜喀拉山、秦岭、大别山与黄河、淮河水系相接；南以南岭、武夷山、天目山与珠江和闽浙诸水系相邻。流域面积约180万km^2，约占我国国土面积的18.8%。流域面积10000km^2以上的支流有49条，其中80000km^2以上的一级支流有雅砻江、岷江、嘉陵江、乌江、湘江、沅江、汉江、赣江等8条，重要湖泊有洞庭湖、鄱阳湖、巢湖和太湖等。长江流域水系见图2.1-1。

长江干流宜昌以上为上游，长4504km，流域面积约100万km^2。宜宾以上干流大多属峡谷河段，长3464km，落差约5100m，约占干流总落差的95%，汇入的主要支流有北岸的雅砻江。宜宾至宜昌段长约1040km，沿江丘陵与阶地互间，汇入的主要支流，北岸有岷江、嘉陵江，南岸有乌江，奉节以下为雄伟的三峡河段，两岸悬崖峭壁，江面狭窄。

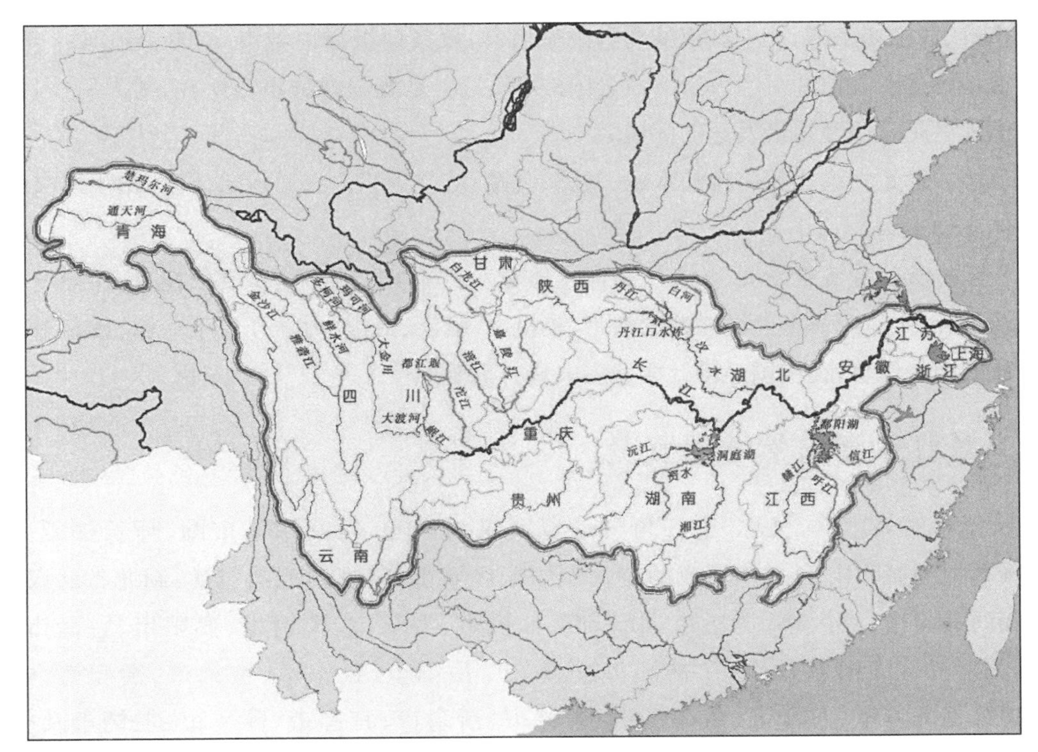

图 2.1-1　长江流域水系图

宜昌至湖口段为中游，长 955km，流域面积约 68 万 km^2。干流宜昌以下河道坡降变小、水流平缓，枝城以下沿江两岸均筑有堤防，并与众多大小湖泊相连，汇入的主要支流有南岸的清江、洞庭湖水系的湘资沅澧四水、鄱阳湖水系的赣抚信饶修五河和北岸的汉江。自枝城至城陵矶河段为著名的荆江，两岸平原广阔，地势低洼，其中下荆江河道蜿蜒曲折，素有“九曲回肠”之称，南岸有松滋、太平、藕池、调弦（已建闸）四口分流入洞庭湖，由洞庭湖汇集湘、资、沅、澧四水调蓄后，在城陵矶注入长江，江湖关系最为复杂。城陵矶以下至湖口，主要为宽窄相间的藕节状分汊河道，总体河势比较稳定，呈顺直段主流摆动，分汊段主、支汊交替消长的河道演变特点。

湖口以下为下游，长 938km，流域面积约 12 万 km^2。干流湖口以下沿岸有堤防保护，汇入的主要支流有南岸的青弋江、水阳江水系、太湖水系和北岸的巢湖水系，淮河部分水量通过淮河入江水道汇入长江。下游河段水深江阔，水位变幅较小，大通以下约 600km 河段受潮汐影响。

2.1.2　经济社会概况

2017 年，长江流域总人口 4.59 亿，占全国的 33%，城镇化率 49%。流域平均人口密度较高，约为全国平均值的 1.8 倍。长江流域形成了长江三角洲城市群、长江中游城市群、成渝城市群、江淮城市群、滇中城市群和黔中城市群,聚集地级以上城市50多个。2017年,长江流域地区生产总值29.3万亿元,占全国的35.4%,是我国经济重心所在、活力所在,长江三角洲地区是我国经济最发达的区域之一。

流域内已建立起比较完善的水运、铁路、公路、航空等综合交通运输体系,初步形成了综合立体交通走廊。

长江是长江经济带发展、长江三角洲一体化发展等国家战略的重要依托,是连接丝绸之路经济带和21世纪海上丝绸之路的纽带,集沿海、沿江、沿边、内陆开放于一体,具有东西双向开放的独特优势,在我国经济社会发展中具有重要地位。

2.2 长江中游自然地理概况

长江中游城市群,又称"中三角",是以武汉为中心,以武汉城市圈、环长株潭城市群、环鄱阳湖城市群为主体形成的特大型国家级城市群,规划范围包括:湖北省武汉市、黄石市、鄂州市、黄冈市、孝感市、咸宁市、仙桃市、潜江市、天门市、襄阳市、宜昌市、荆州市、荆门市,湖南省长沙市、株洲市、湘潭市、岳阳市、益阳市、常德市、衡阳市、娄底市,江西省南昌市、九江市、景德镇市、鹰潭市、新余市、宜春市、萍乡市、上饶市及抚州市、吉安市的部分县(区)。

长江中游城市群承东启西、连南接北,是长江经济带的重要组成部分,也是实施促进中部地区崛起战略、全方位深化改革开放和推进新型城镇化的重点区域,在我国区域发展格局中占有重要地位。

本研究聚焦长江中游,涉及湖南、湖北和江西三省,其中长江干流宜昌至武汉河段为研究重点。

2.2.1 河流水系

2.2.1.1 长江干流

长江中游宜昌至武汉段长约626km,流经长江中下游平原。其中宜昌至枝城段长约60km,是山区性河流向平原性河流的过渡段,为顺直微弯型河型。枝城至城陵矶通称荆江河段,长约338km,按河道特性的不同分为上下两段:枝城至藕池口称上荆江,为微弯河型;藕池口至城陵矶称下荆江,为蜿蜒型河道。城陵矶至武汉段长约228km,属于平原河段,平面形态总体呈现宽窄相间的藕节状分汊型河道。宜昌至武汉段河道形态见图2.2-1。

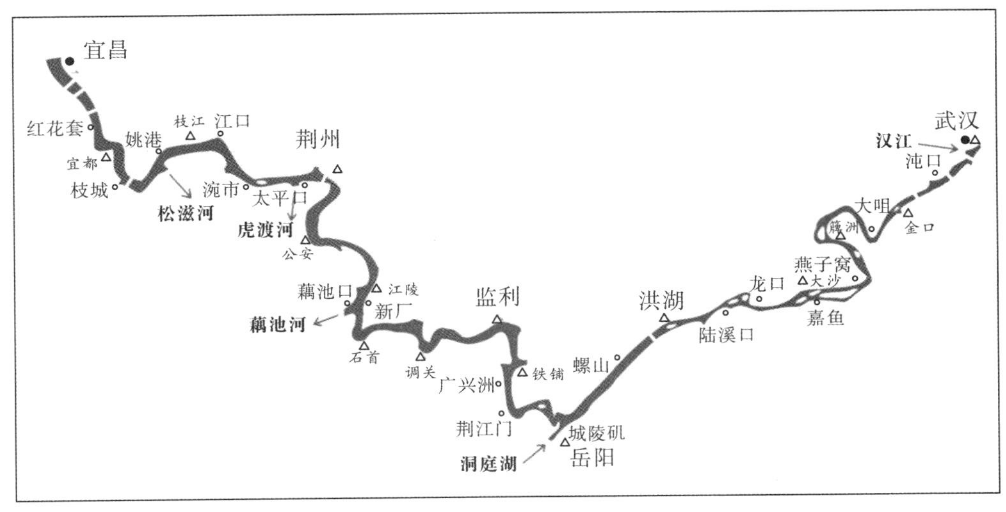

图 2.2-1　宜昌至武汉段河道形态示意图

2.2.1.2　汉江

汉江是长江中游最大的支流，发源于秦岭南麓，干流流经陕西、湖北两省，由武汉市注入长江，干流全长 1577km。襄阳以上流向总体向东，襄阳以下转向东南，支流延展于甘肃、四川、河南、重庆四省市。汉江水系分布见图 2.2-2。

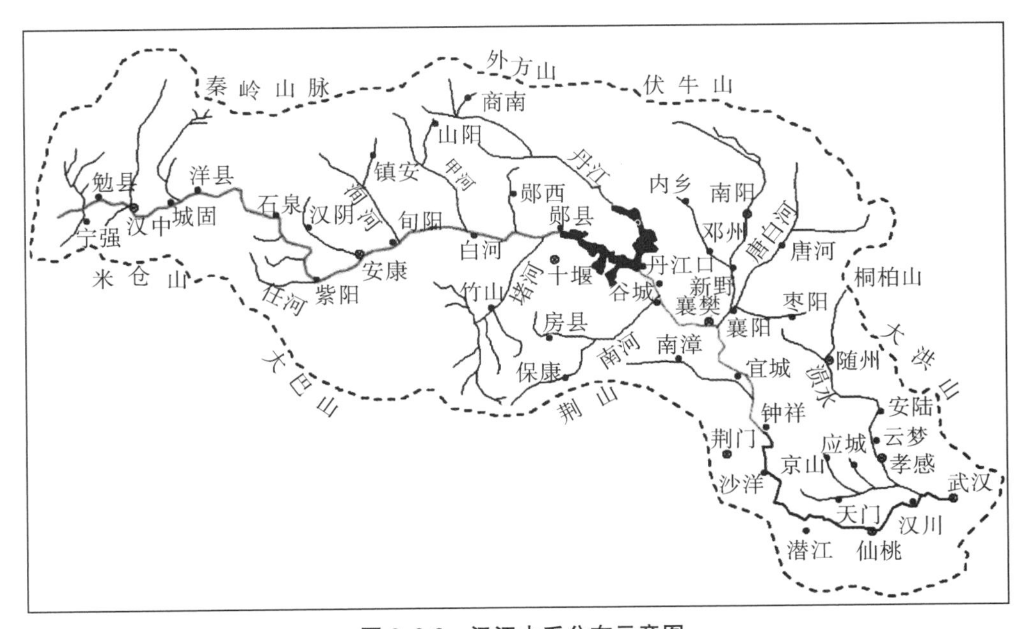

图 2.2-2　汉江水系分布示意图

汉江干流丹江口以上为上游，长 925km，占汉江总长的 59%，控制流域面积 9.52 万 km^2，落差占汉江总落差的 90%；丹江口至钟祥为中游，长 270km，河床平均比降

0.19‰，区间流域面积 4.68 万 km^2；钟祥以下为下游，长 382km，河床平均比降 0.06‰，集水面积 1.7 万 km^2。汉江主要控制站皇庄站多年平均(1950—2015 年)年径流量 467.1 亿 m^3，近 10 年平均年径流量 381.4 亿 m^3，径流年内分配不均，多集中在 4—9 月，约占年径流量的 75%。南水北调中线工程调水后，汉江中下游皇家港、皇庄、仙桃 3 站的平均流量序列发生变化，年平均、枯期、汛期和平水期流量均变小，径流年内分配趋于均匀化，在不采取其他工程或非工程措施的情况下，可能会对汉江中下游的生态环境以及经济发展等产生不利的影响。

2.2.1.3 洞庭湖四口水系

洞庭湖位于东经 111°14′～113°10′，北纬 28°30′～30°23′，即荆江河段南岸、湖南省北部，天然湖泊面积约 $2625km^2$，洪道面积 $1418km^2$，为我国第二大淡水湖。

洞庭湖汇集湘、资、沅、澧四水，承接松滋、太平、藕池三口分流，四水及三口多年平均入湖水量(不含未控区间)2470 亿 m^3，城陵矶多年平均出湖水量 2759 亿 m^3。洞庭湖通过三口分流和湖泊调蓄，对长江中游防洪发挥着十分重要的作用。洞庭湖是长江中下游水资源的重要来源，其独特的水文特征孕育了独特而丰富的生态系统，是流域生物多样性的重要宝库。洞庭湖水系分布见图 2.2-3。

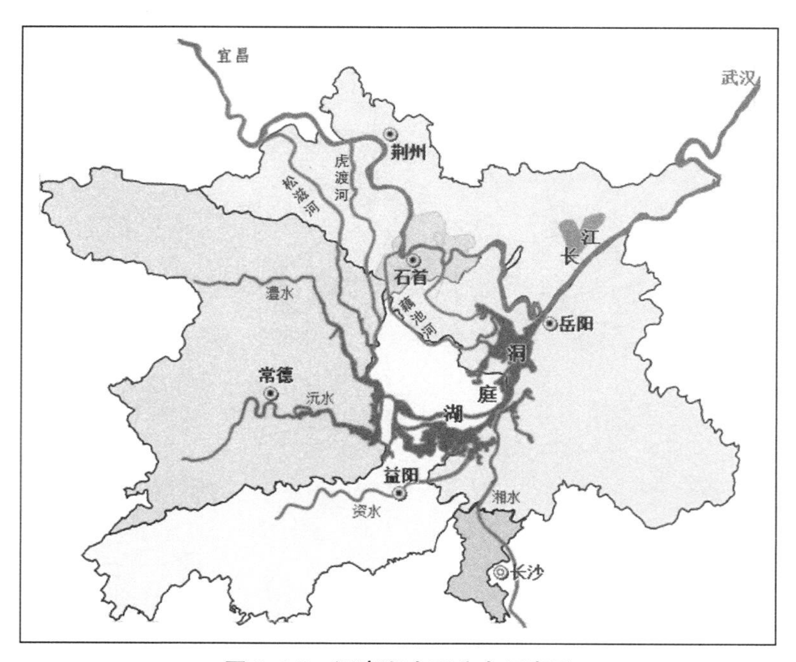

图 2.2-3　洞庭湖水系分布示意图

(1)松滋河

长江干流流经枝城以下约 17km 的陈二口处，由上百里洲分为南、北两汊，其中南汊为支汊。南汊经陈二口至大口，有采穴河与北汊沟通，陈二口至大口河段长度22.7km。松滋河为1870年长江大洪水冲开南岸堤防所形成。松滋河在大口分为东西二支。西支在湖北省内自大口经新江口、狮子口至杨家垱，长约82.9km；西支从杨家垱进入湖南省后在青龙窖分为官垸河和自治局河，官垸河又称为松滋河西支，自青龙窖经官垸、濠口、彭家港于张九台汇入自治局河，长约36.3km；自治局河又称为松滋河中支，自青龙窖经三岔脑、自治局、张九台于小望角与东支汇合，长约33.2km。东支在湖北省境内自大口经沙道观、中河口、林家厂至新渡口进入湖南省，长约87.7km；东支在湖南省境内部分又称为大湖口河，由新渡口经大湖口、小望角在新开口汇入松虎合流段，长约49.5km，沿岸有安乡县城。松虎合流段由新开口经小河口于肖家湾汇入澧水洪道，长约21.2km。松滋河系河道总长310.8km。

河道间有7条串河，分别为：沙道观附近西支与东支之间的串河莲支河，长约6km，东支侧口门已封堵；南平镇附近西支与东支之间的串河苏支河，长约10.6km，自西支向分支分流，近年发展较快，最枯月份松滋西支新江口来流经苏支河入松滋东支；曹咀垸附近松东河支汊官支河，长约23km，淤积严重；中河口附近东支与虎渡河之间的串河中河口河，长约2km，流向不定；尖刀咀附近东支和西支之间的串河葫芦坝串河（瓦窑河），长约5.3km，高水时混串一片；官垸河与澧水洪道之间在彭家港、濠口附近的两条串河，分别长约6.5km、14.9km，是澧水倒流入官垸河的主要通道，官垸河洪水也可经两条串河流入澧水洪道。串河总长68.3km。

（2）虎渡河

虎渡河分流口为太平口，位于沙市上游约15km处的长江右岸。从太平口流经弥陀寺、里甲口、夹竹园、黄山头节制闸（南闸）、白粉咀、陆家渡，在新开口附近（安乡以下）与松滋河合流汇入西洞庭湖。1952年在距太平口下游约90km的黄山头修建了南闸节制闸，该闸为荆江分洪工程的组成部分，在荆江分洪区运用蓄满需扒开虎东、虎西堤联合运用虎西备蓄区时节制虎渡河流入洞庭湖的流量不超过3800m^3/s，1998年大水后除险加固，闸底板高程34.02m。虎渡河全长约136.1km。

（3）藕池河

藕池河于荆江藕池口（位于沙市下游约72km处，由于泥沙淤积的影响，主流进口已上移到约20km处的郑家河头）分泄长江水沙入洞庭湖，水系由一条主流和三条支流组成，跨越湖北公安、石首和湖南南县、华容、安乡五县（市），洪道总长约359km。主流即东支，自藕池口经管家铺、黄金咀、梅田湖、注滋口入东洞庭湖，全长101km，沿岸有南县县城；西支亦称安乡河，从藕池口经康家岗、下柴市与中支汇合，长70km；中支由黄金咀经下柴市、厂窖至茅草街汇入南洞庭湖，全长98km；另有一支沱江，自南县城关至茅草街连通藕池东支和南洞庭湖，河长 43km，目前已建闸控制；此外，陈家岭河和鲇鱼须河分别为中支和东支的分汊河段，长度分别为 20km 和 27km。

(4)调弦河

调弦河(华容河)是由调弦口分流入东洞庭湖的河道，于蒋家进入湖南华容县，至治河渡分为南、北两支，北支经潘家渡、罐头尖至六门闸入东洞庭湖，全长约 60.68km；南支经护城、层山镇至罐头尖与北支汇合，南支河长 24.9km。1958 年冬调弦口上口已建灌溉闸控制，闸底板高程 24.5m，设计引水流量 $44m^3/s$，调弦河入东洞庭湖口处建有六门闸，设计流量 $200m^3/s$，现状闸底板高程 23.08m。此外，从华容河潘家渡起，经毛家渡、尺八嘴至长江下荆江河段洪水港，建有华洪运河，区域灌溉、排水两用，运河全长 32km。

洞庭湖四口水系见图 2.2-4。

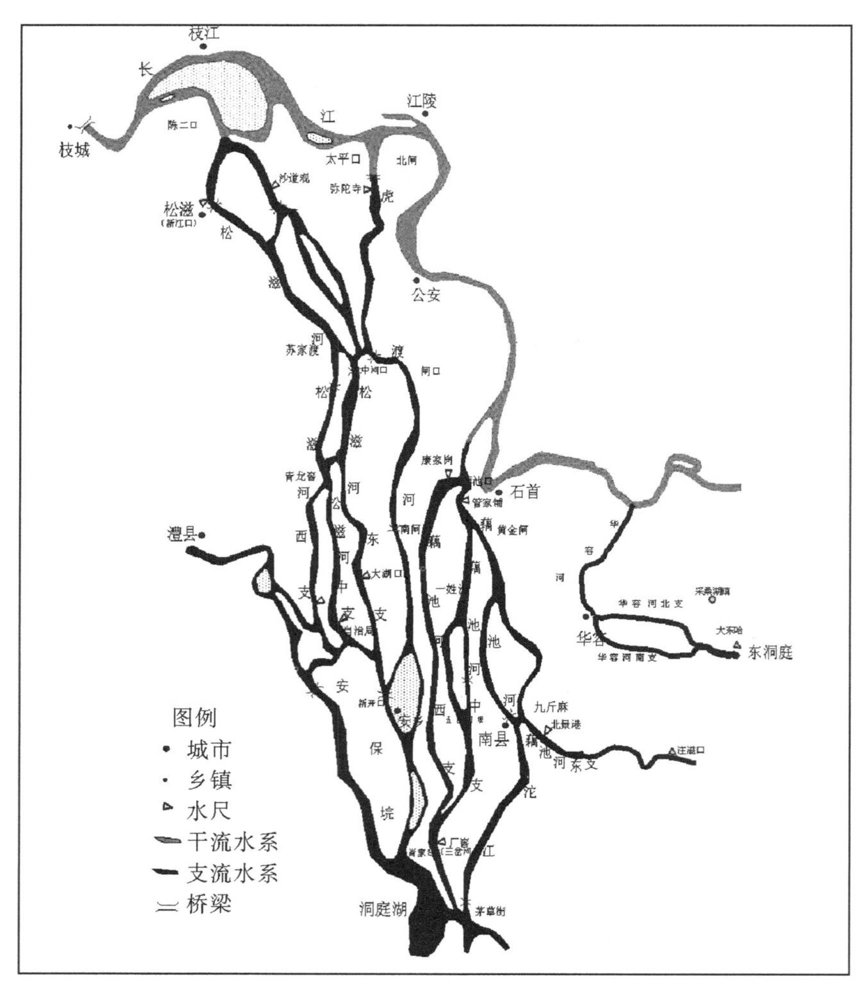

图 2.2-4　洞庭湖四口水系示意图

2.2.1.4 四湖流域

四湖流域是湖北省最大的内河流域，地处长江中游、江汉平原腹地，因境内原有洪湖、长湖、三湖、白鹭湖四个大型湖泊而得名，目前仅有长湖、洪湖两个湖泊，流域面积1.15万km^2，其中内垸面积10375km^2，洲滩民垸面积1172.5km^2，人口510多万，耕地650多万亩，水域344万亩，是湖北乃至全国重要的粮、棉、油和水产品基地，素有“鱼米之乡”和“天下粮仓”的美誉。

(1)河流

四湖流域三面环水，其过境河流有长江、汉江和东荆河，流域内主要河流有太湖港、龙会桥河、拾桥河、西荆河、内荆河故道。人工开挖河渠有总干渠、田关河、东干渠、西干渠、洪排河、螺山干渠以及子贝渊河、下新河等。四湖流域水系见图2.2-5。

太湖港发源于荆州市荆州区川店镇高店村，于郢城镇彭家坡汇入长湖，全长50km，河道平均坡降0.6‰，流域面积396.7km^2。

龙会桥河发源于荆州市荆州区川店镇纪山村，于纪南镇松柏村入长湖，全长24.3km，河道平均坡降1.3‰，流域面积190.3km^2。

拾桥河是长湖水系最大的支流，发源于荆门市东宝区，经掇刀、沙洋，于沙洋后港镇注入长湖，全长115km，河道平均坡降0.477‰，流域面积1134.4km^2，河长5km以上的支流25条。拾桥河在流经车桥水库后有漳河灌区总干渠穿过，干流在拾桥镇以上为低丘区，拾桥镇以下穿过平原湖区。

西荆河发源于荆门市沙洋县烟垢镇，于潜江市张金镇注入总干渠，全长75.7km，其中田关河以上称为上西荆河。上西荆河流域面积314km^2，干流河长37.63km，在沙洋县城(卷桥泵站)以上为低丘，以下为平原水网区。

内荆河故道全长353km，于新堤老闸汇入长江。总干渠自习家口闸至新滩口闸全长190.5km。其中福田寺以上84.4km，福田寺至子贝渊16.1km；子贝渊至小港闸26km，该段右岸与洪湖连为一体；小港闸至新滩口闸称为下内荆河，长64km。

田关河自刘岭闸至田关泵站，长约30km。西干渠自雷家垱至泥井口全长90.5km，于泥井口入总干渠。东干渠自沙洋李市至潜江冉家集，全长60.26km，其中以田关河为界，以上称东干渠上段，长25km，以下称东干渠下段，长35.26km。洪排河自半路堤泵站至高潭口泵站长64.55km，其中半路堤至福田寺15.5km，福田寺至高潭口49.05km。螺山干渠自螺山至宦子口全长33.25km，为螺山泵站的主排水渠。

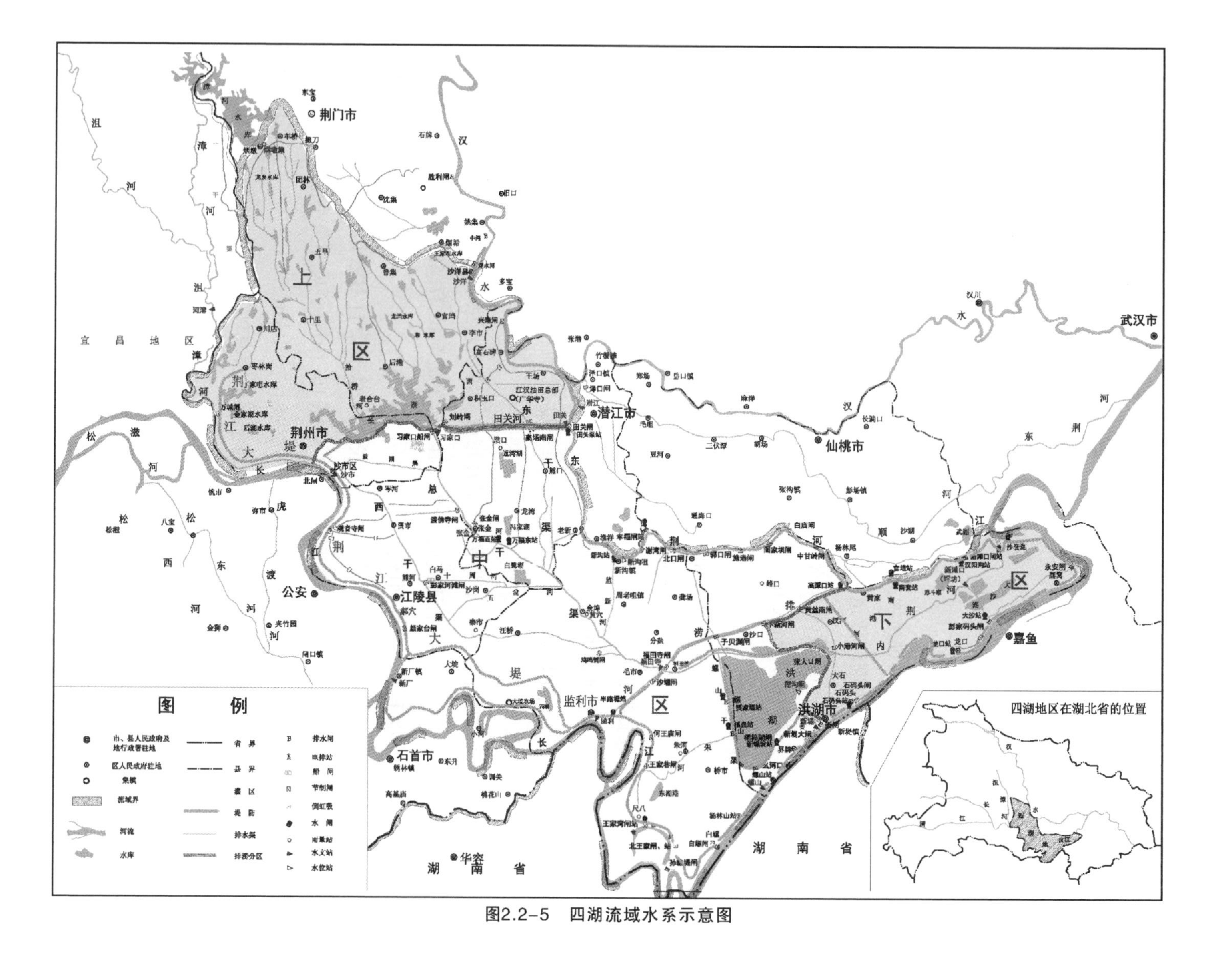

图2.2-5 四湖流域水系示意图

(2)水库

四湖流域的水库基本上集中在上区。据统计,共有水库 106 座,其中大型水库 1 座,为太湖港水库,中型水库 10 座,小(1)型水库 42 座,小(2)型水库 53 座,总控制面积 647.04km^2,总库容 4.03 亿 m^3,兴利库容 1.96 亿 m^3。其中太湖港水库由丁家咀、金家湖、后湖、联合 4 座中小型水库串联而成。承雨面积 190km^2,总库容 1.22 亿 m^3。

(3)湖泊

四湖流域昔日是"湖泊星罗棋布、河流弯曲逶迤、湖河相通、民垸彼邻"。到 20 世纪 50 年代四湖流域还有大中湖泊 128 个,总面积 2680km^2,但目前仅有 38 个,面积 733km^2,减少了 72.6%。

洪湖是我国列入中国重要湿地名录的第 58 个湿地,现为省级湿地保护区。洪湖 1950 年面积 750km^2,1965 年仍有面积 653km^2。由于 20 世纪 70 年代初螺山干渠和福田寺到小港总干渠开挖,1972 年时洪湖只剩下 427km^2。1980 年大水后加固洪湖大堤形成围垸内 444km^2 的封闭区,当时曾明令退掉围垸内的内垸,但仍有 62km^2 未退。以后非法围垦、侵占湖面并没有停止。目前围堤内内垸增加到 42 个,占去湖面 111km^2。

长湖承雨面积 2265km^2,20 世纪 50 年代湖面面积 143km^2(相应正常蓄水位 30.5m),至 80 年代时为 129.1km^2,目前湖面面积 122.5km^2,减少了 14.3%。

白鹭湖原有面积 85.4km^2,容积 8000 多万 m^3,总干渠开挖后又开挖伍岔河,迅速垦殖,湖面面积逐渐减少,目前仅剩 4.2km^2,也被开挖成精养鱼池,已失去调蓄功能。

三湖原有 13 个小湖泊组成,当中水位 29.5m 时,湖面面积 88 km^2,相应容积 9622 万 m^3,现全部开垦为农田。

2.2.1.5　鄱阳湖水系

鄱阳湖位于江西省北部,长江中下游右岸,东经 115°49′～116°46′,北纬 28°24′～29°46′,是我国最大的淡水湖泊,也是长江中下游极具代表性的大型通江湖泊。它北连长江,赣江、抚河、信江、饶河、修河五大河流从东、南、西三面汇流注入鄱阳湖,经调蓄后由湖口注入长江,形成一个完整的鄱阳湖水系。鄱阳湖水系流域面积 16.22 万 km^2,相当于江西省土地总面积的 96.6%,约占长江流域面积的 9%,经鄱阳湖调蓄注入长江的多年平均水量 1457 亿 m^3,占长江总水量的 15.5%。鄱阳湖与五河及长江之间频繁的水量交换形成了鄱阳湖高动态的水位—水体面积变化,导致湖泊水体面积呈现年内明显的萎缩和扩张。最高水位时,湖泊水体面积约 4550km^2;最低水位时,湖泊水体面积仅 239km^2,使得湖区洪涝干旱灾害频发。鄱阳湖水系分布见图 2.2-6。

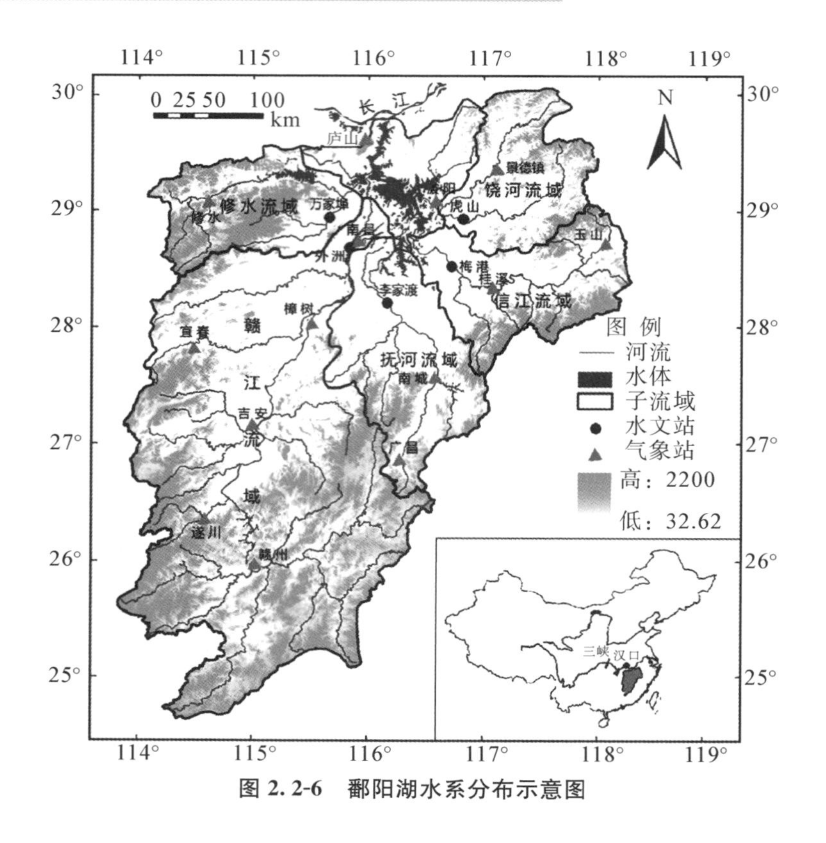

图 2.2-6 鄱阳湖水系分布示意图

2.2.2 水文气象

2.2.2.1 水文

中游宜昌站多年平均流量 14100m³/s，多年平均径流量 4452 亿 m³；径流年际变化较大，最大年径流量 5752 亿 m³（1954 年），最小年径流量 2945 亿 m³（2006 年）；径流年内分配不均，主要集中在 6—10 月，约占年径流量的 72.1%。受上游来水和支流水系雨水补给的影响，长江中游水位变化非常明显，按照季节、月份可分为枯、中、洪三个时期。一般情况下，12 月至次年 3 月为枯水期，4 月和 11 月为中水期，5—10 月为洪水期，其中 6 月、7 月、8 月、9 月出现高洪水位。中游枯水期流速 1.0～1.7m/s，个别河段可超过 2.0m/s；洪水期一般可达 3.0m/s，洪峰时可达 5.0m/s。

长江流域具有较强调节能力的大型水库众多，在一定程度上改变着长江中下游干流的天然来水特征，具体表现为洪水的峰量特征值有所减小，高水流量级出现的年均天数也明显减少。在三峡建库前的洪峰流量均值明显比建库后大，且随着围堰发电期、初期运行期、试验性蓄水期不同阶段三峡工程调节功能的增强，年最大洪峰流量呈依次减小趋势。以长江中游螺山站为例，4 个阶段的洪峰均值分别为 51600m³/s、45500m³/s、45300m³/s、42100m³/s。此外，三峡水库运行前后，螺山站 4 个阶段的最大日平均流量分别为 77500m³/s、57900m³/s、

50100m^3/s、56500m^3/s，减少趋势较明显。三峡水库运行后，螺山站未出现超过60000m^3/s的洪水。

2.2.2.2 气象

长江中游段四季温差较大，夏季最高温度可达42℃左右；冬季受寒潮袭击，最低温度可降至－17℃。长江中游段降水多集中在6—8月，年均雨量约1200mm。当降水时间持续较长时，可能出现特大洪水，如1998年发生的特大洪水，导致长江中游出现大范围禁航。区域性和局部性暴雨还易导致山洪暴发、河水泛滥等自然灾害。

2.2.3 自然资源

2.2.3.1 水资源

长江中游流域68万km^2，水资源分区包括长江中游干流区、汉江水系区、洞庭湖水系区与鄱阳湖水系区，水资源的特点是降水与径流丰富，具有巨大的开发利用潜力。长江中游区面积仅占全国国土面积的7.1%，而平均年径流深663.3mm，为全国平均年径流深的23倍；年径流量4490亿m^3，占全国年径流量的16.6%。除流域内产水量丰富外，长江宜昌站多年平均年径流量达4530亿m^3，表明从长江上游入境的客水量相当于中游区内的产水量。全区总水资源量大于黑龙江、辽河、海滦河、黄河、淮河、珠江六大流域水资源量的总和，湖口站多年平均径流量9178亿m^3，占全长江流域径流量的94.08%。

2017—2019年中游三省水资源总量、地表水和地下水资源量见表2.2-1，2018年相较其他两年资源总量低，相对干旱。

表2.2-1　2017—2019年长江中游省份水资源总量及分布　（单位：亿m^3）

年份	水资源总量	地下水资源量	地表水资源量
2019	4763.6	1135.3	4762.2
2018	3349	889.7	3292.3
2017	4816.3	1172	4707.3

2.2.3.2 鱼类资源

历史上，该江段分布有215种鱼类，四大家鱼产卵场有11个，但是，由于酷渔滥捕以及人为引起的环境改变，使得该江段渔业资源量下降，采集到的鱼类降到59种。长江中游渔获物调查结果显示，长江中游多以食性多样化的种类为主，如草鱼、青鱼、鲢、鳙、鳅、赤眼鳟、长春鳊、鲂、蒙古鲌、翘嘴鲌、黄尾鲴、细鳞鲴等，其中四大家鱼的重量比占有很大优势，但是目前这种优势正在逐渐改变，四大家鱼的比例大有逐年降低的趋势。20世纪70年代，宜昌江段获得的渔获物数据分析结果显示，四大家鱼尾数比为6%，重量比为34%。进入90年代，宜昌江段渔获物中四大家鱼的尾数比降为3%，重量比降为10%。20年间尾数比降低了3%，重量比降低了24%。随着环境的改变、捕捞技术的改进、捕捞强度的增加等，洄游性鱼类和半洄游性鱼类的资源量正在逐年减少，而与之相反的定居性鱼类比例呈现出稳定升高的趋势，并且鱼类年龄组成分析表明，长江中游甚至整个长江鱼类资源正在向低龄化、小型化方向发展。

水利工程如葛洲坝、三峡大坝等的建立，对长江渔业资源量及资源组成等都产生了显著性影响。以宜昌江段的鱼类组成及资源情况为例，在葛洲坝建坝前，物种多样性较丰富，主要渔获物种类间重量百分比分布差异不大，优势种所占比例分散；葛洲坝建坝后至三峡工程蓄水前，渔获物中部分底层鱼类的比例上升，四大家鱼中组成比例变化不一，其中草鱼比例上升较多，青鱼比例无显著性变化，鲢、鳙略微下降，而且分析其组成，发现优势种类较建坝前集中；三峡大坝蓄水后，物种多样性水平大大降低，鲤的比例有了显著性增加，而下降最显著的莫过于四大家鱼、长吻鮠和吻鮈。

2.2.3.3 森林资源

长江中下游平原以北为常绿与落叶阔叶混交林，乔木层以落叶阔叶树为主，夹有少量耐寒的常绿乔木树种。典型常绿阔叶林分布在长江中下游平原以南。本区针叶林分布在北部或海拔较高处的杉木林中，混生的植物种类较单纯。分布在本区南部海拔较低处的杉木林，混生的植物种类较多。本区竹林分布广泛，种类甚多，例如毛竹、刚竹、淡竹等。有许多经济价值很高的植物，有大量的亚热带特有经济植物。木本油料植物有油桐、乌桕、油茶等。茶的产品种类很多。果树中以红橘和甜橙最为著名。暖温带果木，如柿、板栗、梨、桃、杏等也有栽培。和天然植被一样，在经济林木上也充分显示出长江中下游区自然景观的南北过渡性特征。

2.2.3.4 矿产资源

本区除有色金属矿产等少数资源外，总体上看，矿产资源比较贫乏，不能满足经济发展的需要。湖南、江西是有色金属、稀有金属和稀土资源丰富的地区，是铜、钨、锑的主要产地。本区钨矿的资源量约占全国的55%，锦矿占38%，铜矿占36%。铁矿主要分布在沿长江两岸，湖北的大治、黄石、鄂州，安徽的庐江、马鞍山、梅山等地均有规模较大的铁矿，是武汉、马鞍山、南京、上海等钢铁基地的矿山基地，但这些铁矿中贫矿占储量的90%以上。锰矿分布在湖南湘潭、安徽沿长江一带，能源资源相对较少。非金属矿产资源中，明矾石、金红石、磷矿石、水泥用石灰岩等储量较大。

2.2.4 水生态环境

2.2.4.1 水质现状(河、湖、库、重要控制断面)

据不完全统计，2018年，长江中游干流总体水质为优。其中湖北省内18个监测断面的水质均为Ⅱ～Ⅲ类，其中Ⅱ类占61.1%、Ⅲ类占38.9%。省内长江支流总体水质为良好。94个监测断面中，Ⅰ～Ⅲ类水质断面占89.4%（Ⅰ类占9.6%、Ⅱ类占41.5%、Ⅲ类占38.3%）、Ⅳ类占10.6%，无Ⅴ类和劣Ⅴ类断面，主要污染指标为化学需氧量、氨氮、总磷和高锰酸盐指数。与2017年相比，Ⅰ～Ⅲ类水质断面比例增加3.2个百分点，劣Ⅴ类水质断面比例下降2.1个百分点，长江支流总体水质保持稳定。16个断面水质好转，7个断面水质下降，71个断面水质保持稳定。长江湖南段水质总体为优。4个断面水质均达到Ⅱ类标准。

鄱阳湖点位水质优良比例为5.9%，水质为轻度污染。其中，Ⅰ～Ⅲ类比例为5.9%、Ⅳ类比例为76.5%、Ⅴ类比例为17.6%。主要污染物为总磷，营养化程度为轻度富营养。

洞庭湖湖体监测断面11个。水质总体为轻度污染，营养状态为中营养。Ⅳ类水质断面11个，占100%，污染指标主要为总磷。与上年相比，洞庭湖水质中总磷的年均浓度降至0.069mg/L，降幅为5.8%。

东江水库的2个断面水质均为优。白廊断面为中营养，头山断面为贫营养。与上年相比，东江水库的水质基本保持不变。

2.2.4.2　水生生物

据不完全统计，河段调查共鉴定出浮游植物43属（种），隶属于6门。其中硅藻门最多，共有26属（种）；绿藻门次之，为8属（种）；蓝藻门5属（种）；金藻门2属（种）；甲藻门、红藻门均有1属（种）。浮游植物优势类群为针杆藻、直链藻、脆杆藻和小环藻等。浮游植物平均密度1.01×10^4ind./L，平均生物量0.12mg/L。

长江中游共采集到鱼类58种，隶属于7目14科52属，鱼类组成以鲤形目为主，共42种，占总数的72.4%；鲇形目7种，占12.1%；鲈形目5种，占8.6%；鲟形目、鲑形目、鲱形目、颌针鱼目各1种，共占6.9%。在鲤形目中鲤科鱼类最多，有36种，占总种数的62.1%；鲇形目的鳟科次之，共5种，占8.6%。

目前，国内豚类国家级自然保护区有3处（天鹅洲、新螺段、铜陵），宜昌至武汉江段分布有其中的2处，保护河段长224.5km，占3处国家级豚类自然保护区河长的79.5%，是长江江豚原地保护的核心江段。天鹅洲、何王庙/集成垸、西江迁地保护区长江江豚数量分别约80头、19头、13头，其中宜昌至武汉江段分布的何王庙/集成垸、天鹅洲2处迁地保护区长江江豚数量占88.4%，迁地保护价值最大，且最具有保护意义。

2.2.4.3　水生生境

长江中游属于长江流域典型的江湖复合生态系统，河网及湖泊密布，与“长江双肾”之一的洞庭湖自然连通，衔接两湖平原（江汉平原、洞庭湖平原），是长江流域重要的水生生物栖息地和种质资源库，具有生物多样性维护和洪水调蓄等重要生态功能。区域内分布有国际重要湿地和珍稀候鸟栖息地，也是珍稀水生生物栖息繁衍的重要场所，是我国生物多样性最为丰富的区域之一。

为加强长江中游水生生物多样性的保护，切实保护水生生物资源，相关政府和部门在长江中游流域建立多个水生动物保护区，其中荆江段有水生动物保护区 28 个，总面积 135780.24hm²。其中自然保护区 5 个(国家级保护区 3 个，省市级保护区 2 个)，水产种质资源保护区 23 个(表 2.2-2)。各自然保护区现状资料如下。

表 2.2-2　　长江中游水生生物保护区

序号	名称	行政区域	面积(hm²)
1	长湖湿地自然保护区	荆州市荆州区、沙市区	15750
2	何王庙长江江豚自然保护区	监利市	2606
3	长江新螺段白鱀豚自然保护区	洪湖市、赤壁市、嘉鱼县	13500
4	长江天鹅洲白鱀豚自然保护区	石首市	2000
5	洪湖湿地自然保护区	洪湖市、监利市	41412
6	长江监利段四大家鱼国家级水产种质资源保护区	荆州市	15996
7	杨柴湖沙塘鳢刺鳅国家级水产种质资源保护区	荆州市	1875.36
8	淤泥湖团头鲂国家级水产种质资源保护区	荆州市	1373.3
9	洪湖国家级水产种质资源保护区	荆州市	2700
10	庙湖翘嘴鲌国家级水产种质资源保护区	荆州市	517.08
11	牛浪湖鳜国家级水产种质资源保护区	荆州市	1333.3
12	崇湖黄颡鱼国家级水产种质资源保护区	荆州市	1333.3
13	南海湖短颌鲚国家级水产种质资源保护区	荆州市	2020
14	淞水鳜国家级水产种质资源保护区	荆州市	2180
15	王家大湖绢丝丽蚌国家级水产种质资源保护区	荆州市	790
16	金家湖花鱼骨国家级水产种质资源保护区	荆州市	670
17	红旗湖泥鳅黄颡鱼国家级水产种质资源保护区	荆州市	1250
18	东港湖黄鳝国家级水产种质资源保护区	荆州市	602.3
19	长湖鲌类国家级水产种质资源保护区	荆州市、荆门市	14000
20	钱河鲶国家级水产种质资源保护区	荆门市	1360
21	惠亭水库中华鳖国家级水产种质资源保护区	荆门市	2400
22	南湖黄颡鱼乌鳢国家级水产种质资源保护区	荆门市	913.6
23	沙滩河中华刺鳅乌鳢国家级水产种质资源保护区	荆门市、宜昌市、襄阳市	2647
24	上津湖国家级水产种质资源保护区	石首市	2000
25	胭脂湖黄颡鱼国家级水产种质资源保护区	石首市	751
26	五湖黄鳝国家级水产种质资源保护区	仙桃市	3800
27	白斧池鳜省级水产种质资源保护区	荆州市	—
28	中湖翘嘴鲌省级水产种质资源保护区	荆州市	—

2.2.4.4　湿地

按照全国湿地资源普查对湿地类型的划分，长江中游生态区共有湿地类型四大类八大型(表 2.2-3)，面积约 22974.34km²，占本区土地面积的 3.05%。其中，湖泊分布面积最广，占本区湿地面积的 46.03%，其次是河流，占 26.68%，库塘占 22.39%，沼泽占 4.9%。虽然沼泽的分布面积相对较小，但其湿地型比较丰富，有四个湿地型(即藓类沼泽、草本沼泽、森林沼泽和地热湿地)在该区分布。从湿地型面积来看，永久性淡水湖面积最大，接下来依次为永久性河流、库塘、草本湿地、季节性淡水湖、森林沼泽和藓类沼泽，地热湿地面积最小。其中湖北、湖南、江西三省占比分别为 3.40%、1.93%和 3.14%。

表 2.2-3　　长江中游湿地类型分布统计

湿地类	湿地型	面积(km²)	占本区湿地类型的比例(%)
湖泊	永久性淡水湖	10483.54	45.63
	季节性淡水湖	92.33	0.40
沼泽	藓类沼泽	4.23	0.02
	草本沼泽	1095.19	4.77
	森林沼泽	20.40	0.09
	地热湿地	3.51	0.02
库塘	库塘	5144.59	22.39
河流	永久性河流	6130.55	26.68
合计		22974.34	100

长江中游共有 62 个湿地自然保护区，包括内陆湿地保护区和野生动物保护区。其中国家级湿地自然保护区 12 个，面积达到 5492km²，其中湿地面积 2782km²，占该区湿地总面积的 2.11%。也就是说，该区湿地受到国家级保护的面积比例为 12.119%。因地方级湿地保护区边界范围不是很全，故参照国家级湿地保护区内湿地面积占保护区面积的比例 50.66%计算，受到保护的湿地面积为 4235.48km²，占 18.44%。此外，湿地公园是湿地保护体系的组成部分，故以此计算湿地公园保护了该区湿地面积的 3.05%。综上所述，该区湿地保护体系所保护的湿地面积共计 7718.85km²，保护比例为 3.6%。

2.2.5　干流河道演变趋势

近 50 年来，长江中游河道演变受自然因素和人为因素的双重影响，且人为因素的影响日益增强。具体表现在：总体河势基本稳定，局部河势变化较大；河道总体冲淤相对平衡，部分河段冲淤幅度较大；荆江和洞庭湖关系的调整幅度加大；人为因素未改变河道演变基本规律等。

三峡水库蓄水运用前，长江中下游河床冲淤总体相对平衡。三峡水库蓄水运用以来，长江中下游河道呈全线冲刷态势，强冲刷带总体表现为从上游向下游逐渐发展的态势。2003—2018年，宜昌至湖口、湖口至江阴河段平滩河槽冲刷量分别约24亿m^3、13亿m^3。2017年11月至2018年10月，宜昌至湖口段平滩河槽冲刷2.82亿m^3，单位河长(km)冲刷约30万m^3，宜昌至城陵矶段、城陵矶至湖口段分别占总冲刷量的31%、69%。该时段宜昌至枝城段冲淤相对平衡，荆江河段冲刷0.87亿m^3，城陵矶至汉口段冲刷0.78亿m^3，汉口至湖口段冲刷1.17亿m^3。见图2.2-7。

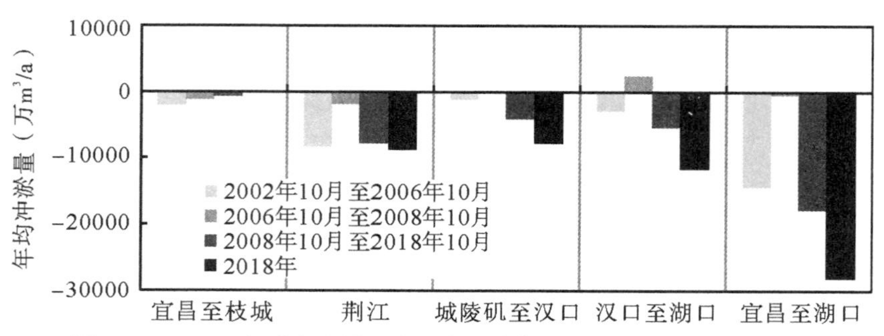

图2.2-7　2003年以来宜昌至湖口段河床年均冲淤量对比(平滩河槽)

三峡工程于2003年6月蓄水运用后，水库拦截了上游来沙的60%以上，坝下游水流明显变清，河床冲刷加剧，导致局部河段河势有所调整，个别河段河势变化剧烈，但总体河势仍基本稳定。主要表现如下。

2.2.5.1　宜昌至枝城河段

宜昌至枝城河段为砂卵石河段，紧邻三峡工程与葛洲坝下游，受三峡蓄水影响最为显著，河道的调整主要反映为枯水河槽冲淤引起枯水位变化。三峡蓄水后，宜昌至枝城河段普遍出现了剧烈的冲刷下切。宜昌河段在蓄水后已基本达到冲刷平衡；宜都河段在水库蓄水之初冲刷强度最大，其后的冲刷强度随着各年来流量差异而波动，略呈减弱态势。

从河床冲刷沿程分布情况来看，宜昌至枝城河段深泓纵剖面总体冲刷下降，但下降幅度沿程变化很大：总体上，深泓高程较低的部位下降幅度大，深泓高程较高的部位下降幅度小；另外，宜都河段内大石坝、龙窝等深泓高程较高的部位也产生了较明显下降。枝城至大埠街河段多为分汊河段，支汊往往有泥沙覆盖，河床的冲刷往往集中于支汊和滩体，河床的冲刷引起了沿程水位的逐渐下降。

2.2.5.2　枝城至城陵矶段

枝城至城陵矶河段称为荆江河段，荆江以藕池口为界分为上下荆江，上荆江为微弯分汊河段，下荆江为典型的蜿蜒型河段。上荆江由6个河湾段组成，平面形态的基本特征为：河湾平顺，外形稳定，弯道处多有江心洲。下荆江裁弯前有12个弯曲段。裁弯后减少为10个弯曲段。平面形态的基本特征是河道蜿蜒曲折。下荆江除监利河段的乌龟洲、熊家洲将河道分为两股外，其余河段均为单一河道。下荆江外形变化很大，河曲带达 20～30km，自然裁弯频繁。

上下荆江由于水力输沙条件和边界条件等差异，导致河床形态和演变特点各不相同。上荆江为微弯分汊河段，其演变主要表现在分汊段的过渡段的主流有一定摆动，相应的成型淤积体有一定变化。下荆江为蜿蜒型河段，其演变主要表现在凹岸不断崩塌、凸岸不断淤长，河湾发展到一定程度时，在一定的水力、泥沙和河床边界条件下则发生自然裁弯、切滩和撇弯。

2.2.5.3　城陵矶至汉口段

城陵矶至汉口河段，两岸除少数山丘之外，均系广阔的冲积平原。由于节点的存在，河道为宽窄相间的藕节状分汊河型。该河段的单一段河道一般较为稳定，冲淤变幅小；分汊河段则随着来水来沙条件的变化而产生主泓摆动，深槽上提下移，洲滩分割合并，滩槽冲淤交替等演变形式，并随各自的边界条件及水沙条件的不同而表现出一定的周期性。

2.2.5.4　汉口至湖口段

汉口至湖口河段河势整体稳定，多数汊道仍维持单向演变趋势，主汊地位占优，如天兴洲汊道、龙坪新洲汊道均沿袭左衰右兴单向变化规律；单一河型黄石至武穴段受两岸山体、阶地控制，主槽平面位置稳定少变。少数汊道段分流态势仍处于调整之中，如九江河段人民洲汊道左汊近期有较明显冲刷发展趋势。江心洲前沿心滩冲淤变化及大型边滩切割、合并等演变现象与城汉河段表现为一致，如戴家洲洲头前端心滩、赵家矶边滩变化。

2.2.6　长江—洞庭湖江湖关系变化

2.2.6.1　三峡水库运用前江湖关系变化

1860 年和 1870 年两次长江特大洪水，先后冲开藕池口和松滋口，形成荆江四口分流分沙入洞庭湖的近代江湖关系格局。三峡水库运用前的江湖关系演变可分为两个阶段：第一阶段是近代江湖格局形成至 20 世纪 30 年代，其特征表现为荆江四口分流入湖水量、沙量显著增加，与此相应的变化是长江干流下荆江撇弯切滩，河道淤积，发生古丈堤（1887 年）、尺八口（1909 年）、河口（1910 年）等自然裁弯，三口河道冲刷形成，洞庭湖大幅度淤积，这一阶段对长江中游干流防洪有利，但是对洞庭湖则是灾害连绵；第二阶段是 20 世纪 40 年代至三峡水库运用前，其特征表现为四口分流分沙的持续减少，三口河道的逐步淤积，干流河道的冲刷，下荆江河道裁弯，荆江河段河道冲刷，城陵矶至汉口河段淤积。由于三口分流减少，洞庭湖调蓄减弱，监利以下河段的洪峰流量增加，长江对洞庭湖洪水顶托加剧，城陵矶附近水位抬高，这一时期的变化对江湖防洪均不利。受观测资料限制，本研究中主要分析荆江裁弯前(1956年)至三峡水库运用前(2002年)期间的江湖关系变化。

三峡水库运行前,江湖关系变化表现为:洞庭湖三口(1958年华容河入口调弦口建闸控制)分流分沙持续减少,三口河道累积性淤积;荆江河段冲刷、枯水位下降;三河断流时间提前,断流期延长;洞庭湖淤积萎缩,调蓄能力下降;三口洪水期分流能力减弱等。

2.2.6.2 三峡水库运用以来江湖关系变化

三峡水库运用以来江湖关系变化除具有三峡工程运用前第二阶段的一些特性外,又发生了一些新的变化。引起新的变化的主要原因包括两方面:一是水库调蓄改变了径流过程;二是三峡出库沙量减少,颗粒级配变细。这些外部因素通过江湖关系各方面的内在联系而起作用,使江湖关系五个方面都发生了相应变化。江湖关系的变化使得四口水系地区分流进一步减少,河道断流时间进一步加长,河湖连通程度进一步降低,水资源和水生态问题逐步凸显,且存在三口分流减少影响干流防洪的隐忧。

2.2.6.3 三口河道演变特性

受三峡水库运用后“清水”下泄的影响,荆江河段发生普遍冲刷。松滋口、太平口、藕池口三口口门干流段在各级河槽下均表现为冲刷,其中松滋口口门干流段平均冲刷深度最大,太平口口门干流段平均冲刷深度最小。松滋口口门干流段横断面形态变化较小,呈现整体冲刷,虎渡口和藕池口横断面形态变化相对较大,左右两侧冲淤趋势不一致。三口口门干流段深泓线总体稳定,仅随来水来沙条件的不同,沿程小幅摆动。

三峡水库蓄水运用以来,三口河道总体呈现冲刷态势,但三口河道口门段平均冲刷深度小于口门干流段,冲刷程度差异对三口分流产生不利影响。三口河道口门段深泓线走向基本稳定,河道口门断面形态变化不大,但藕池口进口受天星洲向上游淤长扩大影响,深泓摆动幅度较大,不利于藕池河进流。松滋河口门段主槽总体略有冲刷,虎渡洪道口门段和藕池河口门段深槽先冲后淤。三口河道分汊段各汊道演变特性不一。大口分汊段,右汊(松滋西支)深槽冲刷强度大于左汊(松滋东支);苏支河分汊段,左汊(苏支河)明显冲刷,右汊(松滋西支)略有淤积;中河口分汊段,左汊冲刷,右汊(松滋东支)有冲有淤;瓦窑河分汊段,松滋东支、大湖口河表现为冲刷,瓦窑河略有冲刷,松滋西支与瓦窑河汇流后河段略有淤积;青龙窖分汊段,左汊(官垸河)和右汊(自治局河)进口河槽均出现冲刷,自治局河河槽冲刷强度略大于官垸河;藕池东支殷家洲分汊段,左汊(鲇鱼须河)和右汊(梅田湖河)整体冲淤变化不大。

受长江干流来水来沙特性和河道持续性冲刷下切的影响,未来三口河道分流量和分沙量将进一步减小,三口河道尤其虎渡河和藕池河将逐渐转为淤积,从而导致三口断流时间延长,区域缺水加重,不利于三口地区经济社会发展。

2.2.7 自然灾害

2.2.7.1 洪灾

长江中下游沿江两岸是我国经济社会发展的重要区域，而两岸平原区地面高程一般低于汛期江河洪水位数米至十数米，洪水灾害频繁、严重，一旦堤防溃决，淹没时间长，损失大。1931年、1935年大洪水，长江中下游死亡人数分别为14.5万人、14.2万人；1954年洪水为长江流域百年来最大洪水，长江中下游共淹农田4755万亩，死亡3万余人，京广铁路不能正常通车达100天；1998年大洪水长江中下游受灾范围遍及334个县(市、区)5271个乡镇，倒塌房屋212.85万间，因灾死亡1562人。2016年长江流域暴雨频发，流域12省、747个县(市、区)5813.54万人受灾，因灾死亡268人，倒塌房屋17.19万间，因灾造成的直接经济损失1726.13亿元。2020年汛期，长江中下游降雨量498.5mm，为1961年以来同期最大，长江流域水旱灾害防御应急响应长达65天。

2.2.7.2 涝灾

涝灾是长期阴雨或暴雨后，在地势低洼、地形闭塞的地区，由于地表积水，地面径流不能及时排除，农田积水超过作物耐淹能力，造成农业减产的灾害。造成农作物减产的原因是，积水深度过大，时间过长，使土壤中的空气相继排出，造成作物根部氧气不足，根部呼吸困难，并产生乙醇等有毒有害物质，从而影响作物生长，甚至造成作物死亡。

长江中下游平原区涝灾成因主要有降雨强度大、蓄涝面积小、“客水”多、排涝能力不足等。长江中下游汛期暴雨覆盖面广、强度大、持续时间长，同时江河水位上涨，平原圩区大量积水受江河洪水的顶托而不能自流外排，依靠圩内河网、湖泊调蓄和泵站提排，而内湖的围垦致使蓄涝水面日渐减少，调蓄能力降低，加之汛期有大量“客水”汇入圩区，常因超过其蓄排能力排涝不及时而致涝成灾，一般年份涝渍农田约1150万亩。

2.2.7.3 水土流失

水土流失破坏了土地资源，加速湖库淤积，对生产、生活和生态环境造成了极大的危害。在中游地区，位于湘鄂山地的沅江中游，澧水、清江中上游，江南红色丘陵区的湘江、资水中游和赣江中上游，水土流失较严重。从调查结果看，长江中下游流域地区总的水土流失面积为11302.20km^2，以轻度侵蚀和中度侵蚀为主。长江中下游次级流域中鄱阳湖流域、长江中游干流流域和汉江流域的水土流失面积相对较大，上述三大流域总的水土流失侵蚀面积约占全流域面积的7%，其他次级流域水土流失面积相对较小。

2.3 长江中游经济社会概况

2.3.1 行政区划

长江中游主要涉及三省:湖北、湖南和江西,三省土地总面积为56.46万km^2,占中部地区总面积的54.9%。截至2020年,湖北省总面积18.59万km^2,辖12个地级市,1个自治州,全省辖39个市辖区,25个县级市、36个县、2个自治县、1个省直辖林区,合计103个县级区划;湖南省总面积21.18万km^2,辖13个地级市、1个自治州,全省辖36个市辖区、18个县级市、61个县、7个自治县,合计122个县级区划;江西省总面积16.69万km^2,辖11个地级市,全省辖27个市辖区、12个县级市、61个县,合计100个县级区划。

2.3.2 人口概况

截至2019年底,长江中游三省总人口17511万,各省总人口近五年均呈上涨趋势,见表2.3-1。表2.3-2给出了中游三省各市城镇化率情况,城镇化水平较高的区域主要为湖北的武汉(80.49%)、鄂州(66.3%)和黄石(64.00%),湖南的长沙(79.56%)、株洲(67.91%)和湘潭(63.81%),以及江西的南昌(73.32%)、新余(70.01%)、萍乡(68.21%)和景德镇(68.05%),而城市群西南一侧的常德、益阳和娄底以及东南一侧的吉安、抚州和宜春的城镇化率则较低。

表2.3-1　长江中游三省总人口变化情况(2015—2019年)　(单位:万)

省份	2015年	2016年	2017年	2018年	2019年
湖北省	5852	5885	5902	5917	5927
湖南省	6783	6822	6860	6899	6918
江西省	4566	4592	4622	4648	4666

表2.3-2　长江中游三省城镇化率

省市	城镇化率(%)	省市	城镇化率(%)	省市	城镇化率(%)
湖北省	61.00	湖南省	57.22	江西省	57.40
武汉市	80.49	长沙市	79.56	南昌市	75.16
黄石市	64.00	株洲市	67.91	九江市	56.78
鄂州市	66.30	湘潭市	63.81	景德镇市	68.05
黄冈市	48.02	岳阳市	59.20	鹰潭市	62.03
孝感市	58.30	益阳市	52.93	新余市	70.08
咸宁市	54.40	常德市	54.45	宜春市	51.22

续表

省市	城镇化率(%)	省市	城镇化率(%)	省市	城镇化率(%)
仙桃市	59.40	衡阳市	54.93	萍乡市	70.01
潜江市	57.80	娄底市	49.25	上饶市	53.47
天门市	54.20	邵阳市	48.78	抚州市	51.35
襄阳市	61.70	张家界市	50.48	吉安市	52.52
宜昌市	61.76	郴州市	56.04	赣州市	51.85
荆州市	56.41	永州市	50.90		
荆门市	60.10	怀化市	49.03		
随州市	52.90	湘西州	47.75		
十堰市	56.50				
恩施州	45.86				
神龙架林区	49.20				

2.3.3　经济概况

图2.3-1和图2.3-2分别给出了长江中游三省2015—2019年地区生产总值变化及增速情况，长江中游三省经济逐年增长，但生产总值增速在逐年放缓。2019年，长江中游三省实现地区生产总值110337.93亿元，占中部地区生产总值的50.44%；实现社会消费品零售总额49474.3亿元，占中部地区总额的50.57%；实现进出口总额11795.9亿美元，占中部地区总额的49.78%。

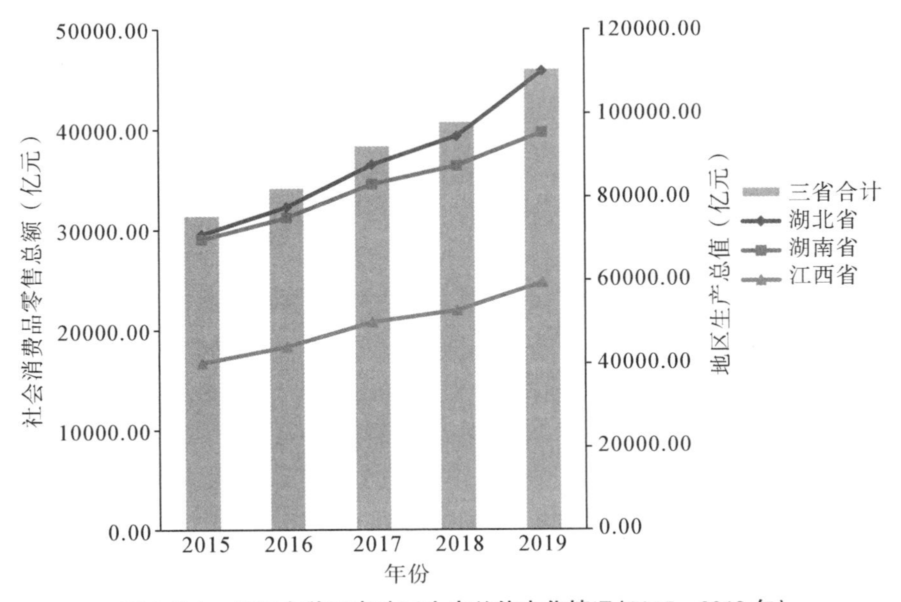

图2.3-1　长江中游三省地区生产总值变化情况(2015—2019年)

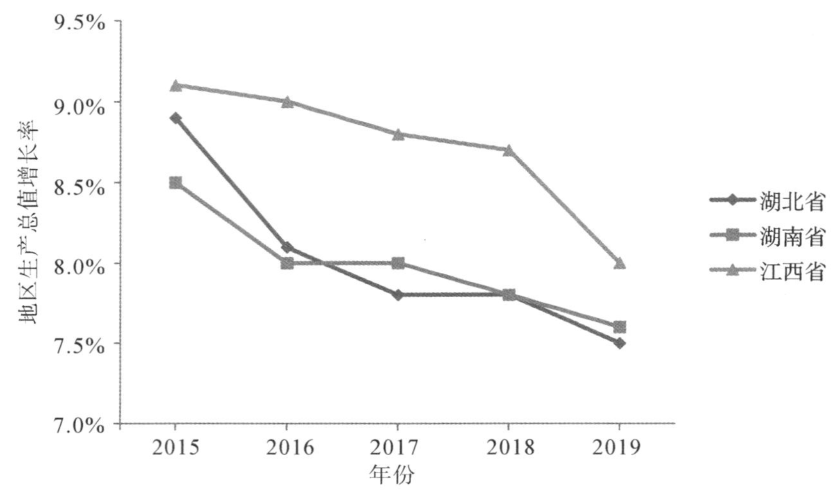

图 2.3-2　长江中游三省地区生产总值增速变化情况(2015—2019 年)

2.4　长江中游开发与保护中存在的问题

2.4.1　长江中游发展阶段概况

长江中游河段是长江黄金水道连接东西、沟通南北的关键通道,是建设长江经济带综合立体交通走廊和绿色生态廊道的重要支点。现根据长江中游流域经济社会的发展以及其治理开发与保护情况,将长江中游干支流发展情况分为三个阶段进行概述。

2.4.1.1　长江中游的初级发展阶段(1949—1977 年)

改革开放前,长江水利枢纽建设数量较少,长江河道治理资金投入较少,治理工程较少,长江中下游河道不够稳定,基本没有开展航道整治,长江中游航道由完全自然状态进入整治开发的初级阶段。这一发展阶段航运水平较低,1960 年长江干线货运量完成 2325.4 万 t;生态环境处于较好的水平,20 世纪 50 年代长江中游地区的湖泊面积达 17198km²;1964—1965 年长江干流四大家鱼年均产卵量达 1150 亿粒;70 年代长江中的中华鲟繁殖群体尚有 1 万余尾。

2.4.1.2　长江中游的较快发展阶段(1978—2000 年)

改革开放后,国家开展了长江防护林建设、长江干支流水利枢纽建设和长江中下游河道治理工程,加强了长江干支流的航道整治,长江中游航道进入整治开发的快速发展阶段。1978 年,长江干线货物通过量仅为 4000 万 t,到 2000 年,长江干线货运量增至 4 亿 t。长江航运得到快速发展的同时,给流域内的生态环境也带来了压力。过度捕捞以及江湖阻隔导致了干流渔业资源的迅速衰退,1981 年长江干流四大家鱼年均产卵量下降到了 170 亿粒,较 20 世纪 60 年代降幅达 85%;白鱀豚和长江江豚等以长江或湖泊中的鱼类为食的珍稀动物由于食物缺乏而数量减少，白鱀豚从 1980 年的 400 头左右下降到 20 世纪末的不足 50 头；1984—1991 年期间，长江中下游长江江豚种群数量约为 2700 头；由于大坝建设阻隔了生态通道，1983—1984 年长江中的中华鲟数量下降到约 2176 尾。由于该阶段对长江的过度开发造成众多的生态问题，人们开始逐渐重视长江的生态保护。国务院在 1998 年大洪灾后制定了“32 字方针”，即封山育林、退耕还林、退田还湖、平垸行洪、以工代赈、移民建镇、加固干堤、疏浚河道。这一方针把长江水患与整个长江流域的生态问题及可持续发展联系起来看待。

2.4.1.3　长江中游的科学发展阶段(2000 年以后)

进入 21 世纪，党的十六大作出了全面建设小康社会的战略部署，提出要贯彻落实科学发展观，着力建设资源节约型、环境友好型社会的总体目标。2005 年 11 月 28 日，交通部和沿江省市共同召开“合力建设黄金水道，促进长江经济发展”座谈会，成立了长江水运发展协调领导小组，形成了共同促进长江航运发展的强大合力，长江航运开始走上了一条资源节约、环境友好的科学发展之路。国家和沿江省市高度重视长江航运，加大对长江黄金水道的资金投入和政策支持力度。航道通行条件大幅度改善，安全性、可靠性、便捷性显著增强，长江船舶大型化、标准化、专业化发展迅速，成为名副其实的“黄金水道”，长江航运持续快速发展。2004 年以来，长江货运量超过密西西比河和莱茵河，成为世界上内河运输最繁忙、运量最大的通航河流，2018 年长江干线货运量达到了 26.9 亿 t。但同时，长江的生态环境问题依然不容忽视：相较于 20 世纪 50 年代，长江中游 70%的湿地已经消失；围湖造田、填湖造陆使长江中游地区的湖泊面积减少到现在不足 6600km^2；2006 年未发现任何白鱀豚个体；2006 年长江中下游长江江豚种群数量下降到 1800 头左右，2012 年约有 1040 头，2017 年长江江豚种群数量约为 1012 头；2005—2007 年期间，长江中的中华鲟数量下降到了 203～257 尾，到 2010 年只剩数十尾；圆口铜鱼的种群数量持续下降。

随着长江防护林体系建设和退耕还林还草等政策的实施，《长江经济带生态环境保护规划》等政策的出台，在国家、地方政府以及相关单位的不懈努力下，长江的生态建设取得了明显的成绩。天然林保护工程实施以来，共营造林 1019.48 万 hm^2，长江防护林工程完成营造林任务 504.97 万 hm^2，完成退耕还林面积 572.79 万 hm^2，综合治理石漠化面积达到 357.33 万 hm^2，累计治理水土流失面积 47.29 万 km^2；“十二五”期间，水功能区达标率提高到 81.3%，二氧化硫平均浓度下降 34.4%，二氧化氮浓度保持稳定。从 2011 年开始长江防总对三峡水库实施生态调度试验，与 2011 年相比，2017 年长江中游四大家鱼产卵总量增加 31 倍。此外，现阶段长江航道的任何工程建设都必须优先考虑生态问题。于 2015 年完工的长江中游荆江河段航道整治工程充分体现了生态保护的思想。

对长江中游干支流的河流健康发展情况三个阶段的干线货运量、湖泊面积、鱼类数量等数据进行整理，结果见表 2.4-1。

表 2.4-1　　长江中游航道各阶段发展情况

指标＼发展阶段	初级发展阶段（1949—1977 年）	较快发展阶段（1978—2000 年）	科学发展阶段（2000 年以后）
干线货运量	2325.4 万 t(1960 年)	4 亿 t(2000 年)	26.9 亿 t(2018 年)
长江中游湖泊面积	17198km^2(50 年代)	—	不足 6600km^2
长江流域水质优良率	—	—	87.5%(2018 年)
长江干流四大家鱼产卵量	1150 亿粒(1965 年)	170 亿粒(1981 年)	10.8 亿粒(2017 年宜都断面)
白鱀豚数量	超过 400 头(50 年代)	不足 100 头(1995 年)	功能性灭绝(2007 年)
长江江豚数量	超过 3000 头(60 年代末)	2550 头(1991 年)	1012 头(2017 年)
中华鲟数量	1 万余尾(70 年代)	363 尾(2000 年)	57 尾(2010 年估算)

2.4.2　防洪形势

目前，长江中下游干流堤防全线达标，两湖重点圩垸围堤防洪能力大大提高。经过多年治理，中下游 3900 余 km 干流堤防已按规划标准全线达标；洞庭湖区 11 个重点垸围堤达标率达 95.5%，鄱阳湖区 46 个重点圩垸围堤达标率达 98.7%。列入防洪规划主要支流规划意见的 18 条主要支流干流堤防总体达标率为 61.7%；已治理流域面积 200～3000km^2 的中小河流河长约 1.8 万 km，达标率为 62.4%；重点县综合治理试点项目治理河长约 0.34 万 km，达标率为 81.8%。

中游冲积平原一直洪水灾害严重，三峡建成使荆江防洪能力提高、防洪形势得到一定程度改善。但是，由于三峡水库的防洪能力极其有限，长期河道淤积抬高了河道同流量水位、下荆江洪水流量增加；中游蓄滞洪区规模偏小，已有分蓄洪区使用困难；三峡水库运行以来，长期超汛限水位运行使水库防洪库容进一步减小，下游河道行洪能力萎缩，清水冲刷还进一步增加了下荆江防洪压力；三峡库区地质灾害和汛期通航大幅度增加等因素也进一步限制了水库防洪调度，降低了防洪能力。在全球气候变化等更大不确定性因素影响下，三峡工程建成后长江中游防洪安全仍然需要切实的对策并加以改进。

2.4.3　水资源保障

长江荆江河段北有江汉平原、南有洞庭湖平原，区域内水系发达，河湖渠网密布。受历史上江湖关系持续变化的影响，江—河—湖沟通联系不畅，导致区域内部分河道枯水季节断流、河道水体流动不畅、水生态环境恶化等问题。

(1)洞庭湖四口水系（松滋河、虎渡河、藕池河、调弦河）受江湖关系变化影响，长江干流河道水位相对下降，三口（调弦河 1958 年封堵建闸）河道分流减少，三口断流时间延长，区域内水资源短缺、垸内河湖水污染和水生态环境退化等问题日趋严重。

(2)四湖流域由于水系不畅、湖泊围垦,防洪与治涝能力偏低;枯期由于长江、汉江水位偏低,常因流域内引提水工程能力不足形成旱灾,河道内水动力条件不足,存在水体污染严重、水生态与环境日益恶化等问题,区域内存在地下水砷含量超标威胁饮水安全的情况。

(3)同时,东荆河汛期由于河道淤积、圩垸阻水,泄流能力严重不足,枯水期由于汉江干流河道冲刷,河道季节性断流;通顺河水系近年来由于排污量大,水体流动不畅,水功能区水质不达标,水事矛盾突出。

这些问题的根本是内河、内湖与长江的沟通联系不足,水流不畅,水体自净能力差。迫切需要通过建设新的河道畅通江—河—湖的联系,修复区域生态。

2.4.4 航道及航运

2.4.4.1 航道

长江干线宜昌至武汉河段长约624km,位于三峡、葛洲坝枢纽下游,沿途有沮漳河、洞庭湖等汇入。其中,宜昌至枝城段河流流经丘陵地区,河道岸线较为稳定,航道条件较好;城陵矶至武汉河段江面较宽,多为顺直放宽乃至分汊(包括鹅头形汊道)河道,洲滩的冲淤,主支汊交替消长,常出现碍航问题,已实施了一系列航道整治工程;枝城以下至城陵矶河段为著名的荆江河段,多浅滩碍航。该河段蜿蜒曲折,河床演变较为频繁,航槽极不稳定,且滩多水浅,不利于大型船舶通行。三峡工程蓄水运行后,长江中下游年内径流削峰补枯效果明显,非汛期径流量有所增加,但受清水下泄的影响,河床冲刷强度加剧,呈现全线冲深的特点。目前,该河段共有芦家河、太平口、大马洲、尺八口、八仙洲、观音洲、界牌、武桥等8个不能满足通航尺度要求的重点碍航水道,以及枝江、瓦口子、周公堤、天星洲、藕池口、调关、监利、铁铺、反咀、陆溪口、嘉鱼、燕子窝、金口、沌口、白沙洲等15个航道条件不稳定的一般碍航水道(图2.4-1)。目前,该河段的航道技术等级为Ⅰ级航道,但枯水期维护水深仅3.5~3.7m,仅能通航3000吨级内河船舶,其航道标准低于上、下游河段。

近十多年来,航道部门陆续对重点碍航水道和正在向不利方向变化的水道实施了初步整治,航道条件取得一定程度的改善。目前,宜昌至武汉航道可通航1000~5000吨级内河船舶组成的船队。其中中游三省内河航道通航里程构成见表2.4-2。

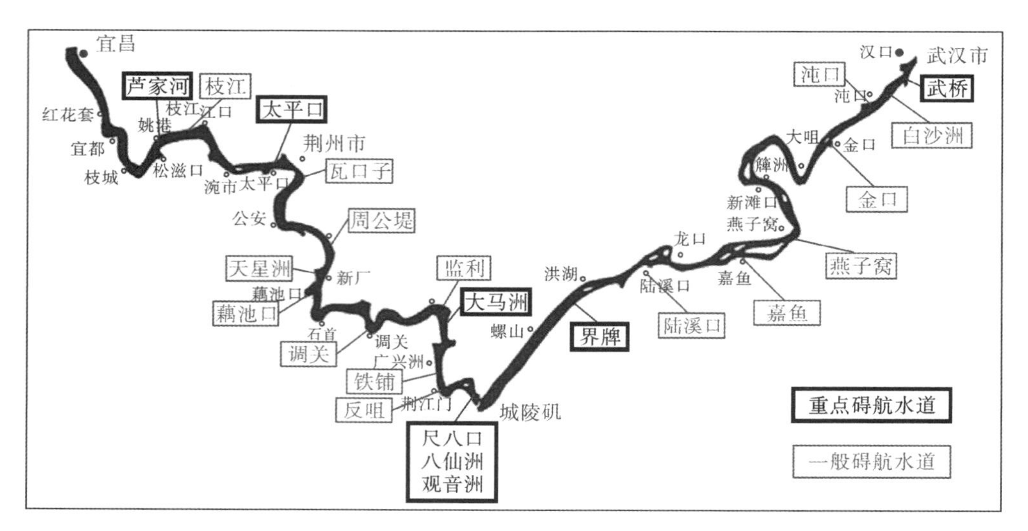

图 2.4-1　宜昌至武汉段河道形态及碍航水道示意图

表 2.4-2　2018 年中游三省内河航道通航里程构成　（单位：km）

省份	总计	长江干流				支流水系							等外航道
		Ⅰ级	Ⅱ级	Ⅲ级	Ⅳ级	Ⅰ级	Ⅱ级	Ⅲ级	Ⅳ级	Ⅴ级	Ⅵ级	Ⅶ级	
合计	26150.6	307.5	768.5				560.4	1861.1	737.1	1233.9	3838.2	3590.2	13253.7
江西省	5638	78					175	283.5	87	166.7	399.1	1159.8	3288.9
湖北省	8544.9	229.5	688.1					932.6	376.1	982.2	1889.9	1230.2	2216.3
湖南省	11967.7		80.4				385.4	645	274	85	1549.2	1200.2	7748.5

2.4.4.2　航运

40 年来，推动长江经济带发展逐步上升为国家战略，长江航运的资源、经济、生态优势不断凸显，战略地位空前提升；长江干线航道治理不断推进，长江口和南京以下 12.5m 深水航道全面建成，三峡船闸和升船机投入运行，航道通过能力持续提升；长江运输生产高歌猛进，干线货物通过量由改革开放之初的不到 4000 万 t，增长到 2018 年的 26.9 亿 t，连续多年稳居世界内河第一；长江航运物质基础日益雄厚，形成了上海、武汉、重庆三大航运中心，14 个亿吨大港，建成了 587 个万吨级泊位，长江航运面貌焕然一新；长江航运行政管理体制逐步规范，实现了“统一政令、统一规划、统一标准、统一执法、统一管理”，建立了“一体化管理、一条龙服务”的管理模式；长江航运科技创新日新月异，长江电子航道图和太阳能一体化航标灯等成果研发成功并投入运行，创新驱动更加强劲有力；长江航运生态保护成效显著，绿色航运发展方式取得重大进展，危害长江水域生态环境的行为得到有效遏制。

40 年来，长江干线年货物通过量增长了 67 倍多，年均增长率高达 11.09%，约占全国水路货运量的 38.48%，远超美国密西西比河和欧洲莱茵河水系，自 2005 年以来，货运量稳居世界内河第一，是世界运输量最大的河流。图 2.4-2 给出了 2000—2016 年长江干线货物通过量变化情况，长江干线货运量虽然增长率略有下降，但仍保持逐年增长的趋势，长江航运实现了跨越式发展。

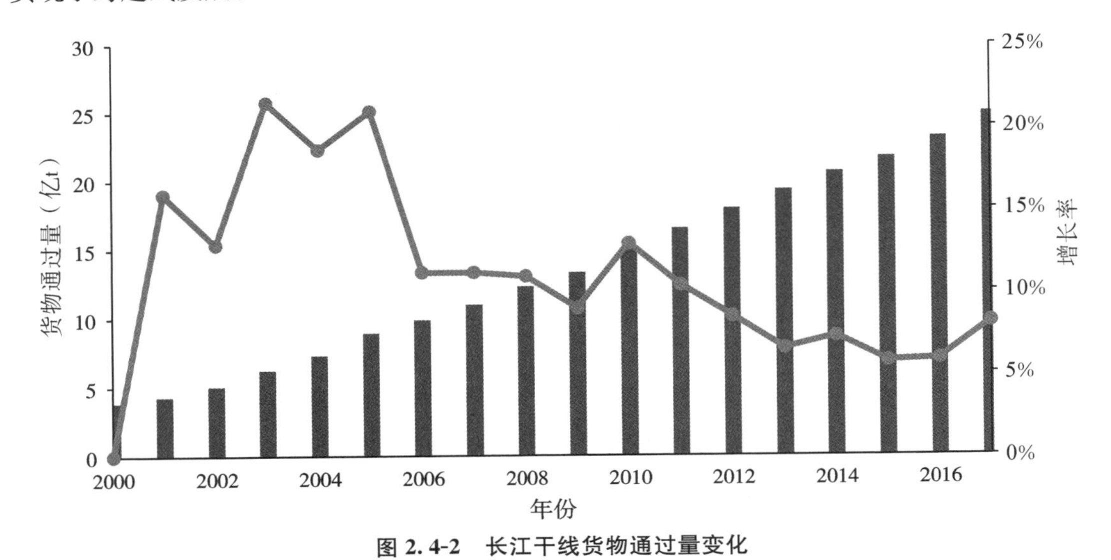

图 2.4-2　长江干线货物通过量变化

2.4.4.3　存在的问题

长江中游宜昌至武汉段尤其是荆江段航道最小维护水深明显低于上、下游（表 2.4-3 给出了 2020 年长江干线航道最低维护尺度），对于枯水期，大型货运船舶通行需减载、转驳，通航效率低，不能满足黄金水道战略要求。而实现荆江河段航道等级提升，主要存在以下瓶颈：一是航道整治技术难度大，且难以维护；二是大规模航道整治影响河势稳定与防洪安全；三是荆江河段是鱼类资源和中华鲟、长江江豚等珍稀濒危野生动物的天然宝库，大规模航道整治与生态环境保护矛盾突出。宜昌至武汉段航道等级提升难度大，已成为长江航道"中梗阻"。长江宜昌至武汉段"中梗阻"问题已经成为制约长江航运发展的关键。

表 2.4-3　　2020 年长江干线航道最低维护尺度

河段	里程(km)	最低维护尺度（水深×航宽×弯曲半径）(m×m×m)
涪陵李渡长江大桥至宜昌中水门	544.1	4.5×150×1000
宜昌中水门至宜昌下临江坪	14.5	4.5×100×750
宜昌下临江坪至枝江昌门溪	73.5	3.5×100×750
枝江昌门溪至荆州四码头	63.5	3.5×150×750
荆州四码头至城陵矶	248	3.8×150×1000
城陵矶至武汉长江大桥	227.5	4.2×150×1000

续表

河段	里程(km)	最低维护尺度(水深×航宽×弯曲半径)(m×m×m)
武汉长江大桥至黄石上巢湖	201.7	5.0×200×1050
黄石上巢湖至安庆吉阳矶	175	5.0×200×1050
安庆吉阳矶至芜湖高安圩	194	6.0×200×1050

2.4.5 水生态及水环境

2.4.5.1 水环境污染

(1)长江干流

长江中游点源污染主要以排污口的形式存在,非点源污染主要受降雨影响,主要是由于农药、化肥、废渣、垃圾、酸雨和水土流失造成,具有面广、分散、间歇排放等特点。以 ρ(COD)、ρ(TP)和 ρ(NH_3-N)分别表示 COD、TP 和 NH_3-N 的浓度(单位为 mg/L)。2016—2019 年长江中游流域 ρ(COD)月值表现为 5—9 月较高、11 月至次年 2 月较低,总体差距不大。5—9 月长江流域降水较多,将大量还原性物质冲入流域中,因此 ρ(COD)较高,降水较少的 11 月至次年 2 月 ρ(COD)较低,说明长江流域 COD 污染负荷主要来自面源。见图 2.4-3。

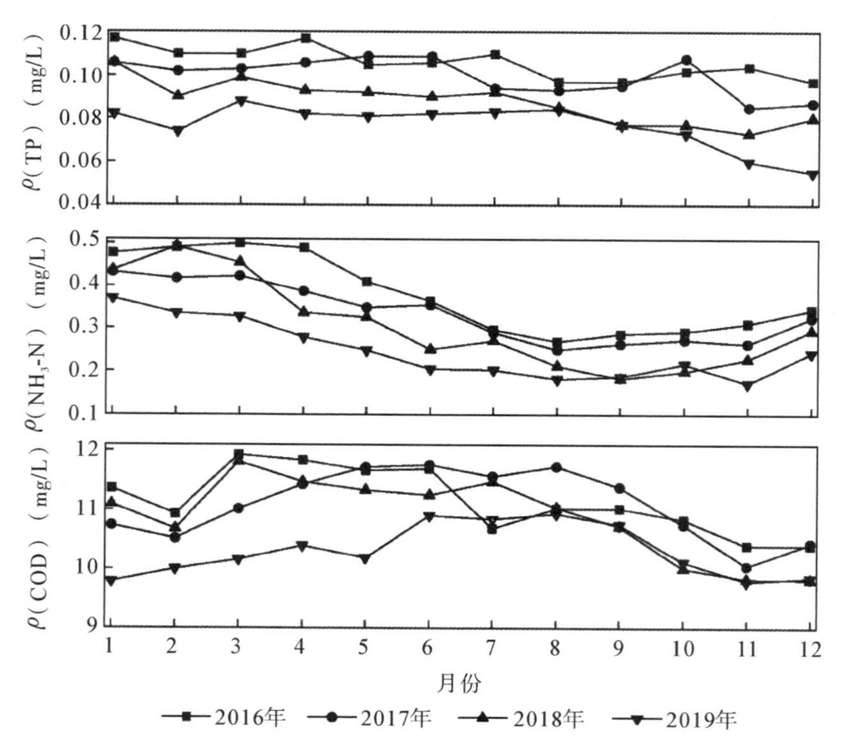

图 2.4-3 2016—2019 年长江中下游 ρ(TP)、ρ(NH_3-N)和 ρ(COD)月值变化情况

根据生态环境部2015年环境统计数据，长江中下游流域共排放废水131.9亿t，其中，工业废水37.6亿t，城镇生活污水94.1亿t；化学需氧量排放量354.1万t，其中，工业化学需氧量42.5万t，农业化学需氧量136.3万t，城镇生活化学需氧量171.5万t；氨氮排放量44.7万t，其中，工业氨氮4.4万t，农业氨氮14.6万t，城镇生活氨氮25.4万t。废水、化学需氧量和氨氮排放量主要集中在湖南、湖北和江西三省。

(2)四口水系

根据已有监测断面结果分析，四口水系水质主要以Ⅲ类水质为主，部分河段非汛期水质出现不达标现象，如藕池河西支，超标情况较为显著。湖北境内松滋东河沙道观段没有监测资料，但该河段水质超标严重。主要是非汛期河道水量小，甚至长时间河道断流，导致稀释能力降低甚至基本没有稀释能力是水质超标的主要原因。见图2.4-4。

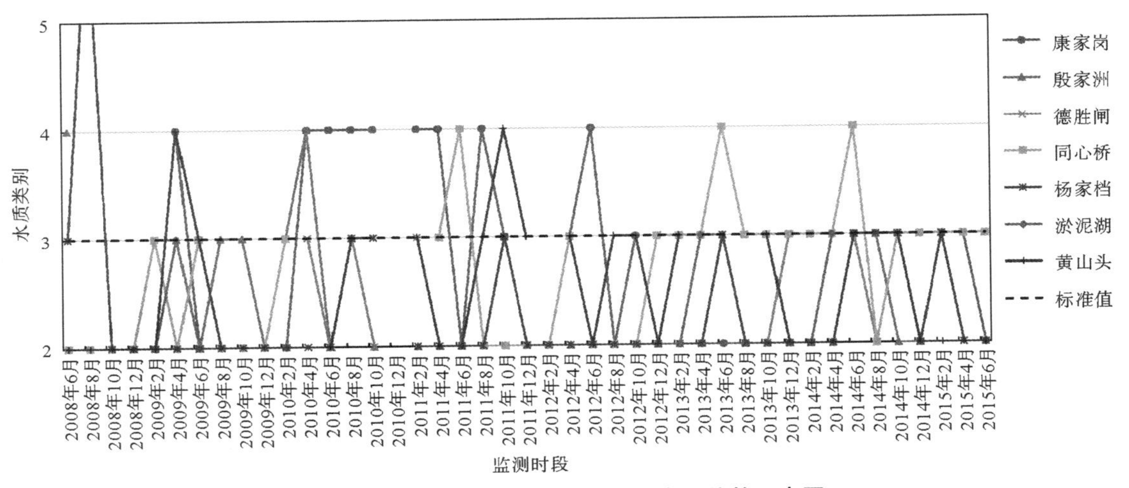

图2.4-4　四口水系典型断面水质变化趋势示意图

(3)四湖流域

四湖流域的污染源来自两个方面：一方面是城市的工业和生活污水，这主要来自荆州城区及各县的县城、市镇地区；另一方面是农村的化肥、农药流失引起的污染。据统计，四湖流域2005年排放工业废水达17309万t，排放城镇生活污水9070万t，农村生活废水3919万t，固体废弃物16.1万t。农业生产施用的化肥、农药带来严重的面源污染也逐年增加，因此导致境内河流、渠道、湖泊水体严重污染，水环境质量呈现Ⅳ～Ⅴ类状况，湖泊富营养化现象突出。此状况已严重影响四湖流域下游人民群众的粮棉油生产、生活和人畜饮水，并造成较大损失。

2.4.5.2　水生态退化

区域生态环境高度敏感，水生生境类型多样，湿地分布广且面积大，是长江旗舰物种长江江豚、中华鲟等珍稀濒危水生生物热点保护区域，是青、草、鲢、鳙四大家鱼等水产种质资源的原种场。长江干流宜昌至武汉江段分布有长江湖北宜昌中华鲟省级自然保护区等7处自然保护区(涉及河段360km)，14处四大家鱼产卵场(涉及河段221 km)，洞庭湖通江水道是长江江豚和四大家鱼的重要洄游通道，东洞庭湖湿地是我国湿地水禽的重要越冬地和铜鱼、黄颡鱼等优质水产种质资源基地，在长江流域生物多样性保护和湿地研究工作中占有极其重要的地位。

然而，水域污染导致长江水域生态环境不断恶化，过度捕捞造成长江水生生物资源严重衰退，人类活动对水生生物栖息地造成了直接破坏，有"活化石"之称的中华鲟野生种群数量逐年减少，白鱀豚已功能性灭绝，白鲟、长江鲥鱼等濒临灭绝，流域生态系统破碎化、生态功能整体退化趋势加剧。见图2.4-5。

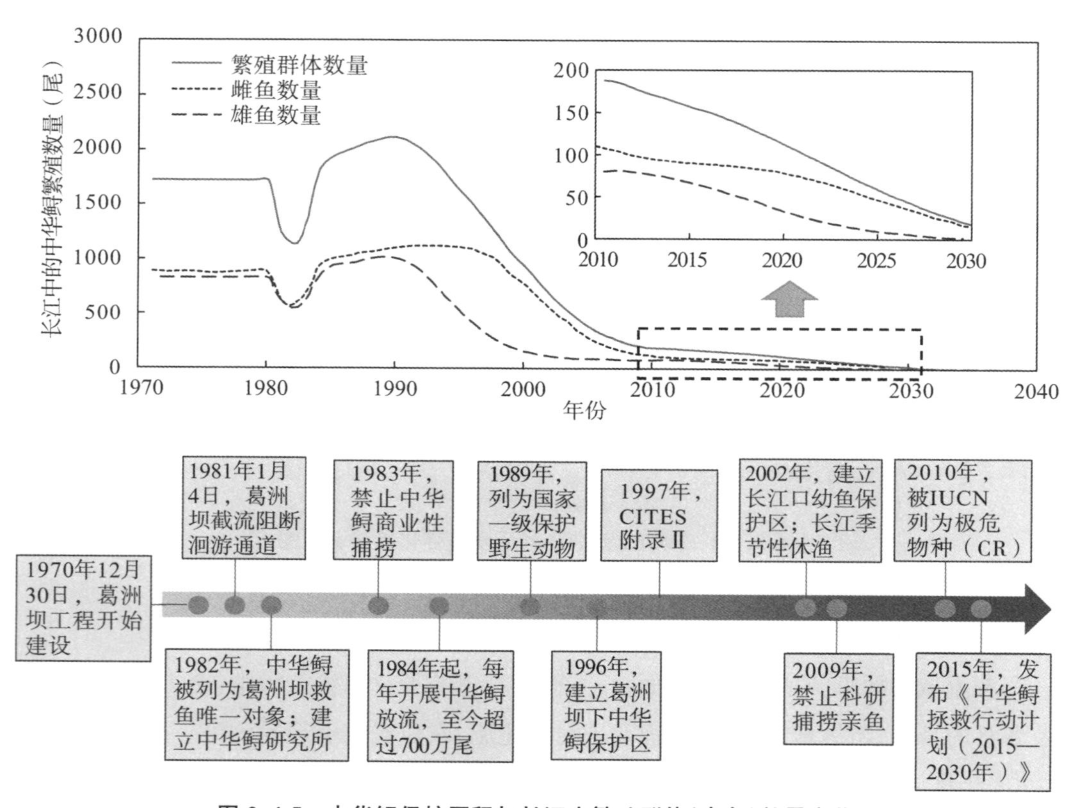

图2.4-5 中华鲟保护历程与长江中繁殖群体(亲鱼)数量变化

2.5 新时期发展与保护综合需求

2.5.1 长江经济带发展要求进一步发挥长江黄金水道潜力

依托长江黄金水道，高起点高水平建设综合立体交通运输体系，对推动上中下游地区协调发展、沿海沿江沿边全面开放，构建横贯东西、辐射南北、通江达海、经济高效、生态良好的长江经济带有着极其重要的意义。

在长江黄金水道的支撑下，长江经济带经济社会快速发展，以全国 21%的国土、42.9%的人口，创造了 41.6%的国内生产总值和 40.8%的进出口总额；依托长江水运，长江两岸布局的钢铁、石化、火电等大运量产业分别占全国的 31%、25%、43%，2017 年长江经济带 11 省市经济增速全部高于或等于全国 6.9%的平均水平。

根据长江经济带发展"一轴、两翼、三极、多点"格局，依托长江黄金水道，发挥上海、武汉、重庆的核心作用，以沿江主要城镇为节点，构建沿江绿色发展轴；发挥长江主轴的辐射带动作用，向南北两侧腹地延伸拓展，提升南北两翼的支撑力；以长江三角洲城市群、长江中游城市群、成渝城市群为主体，发挥辐射带动作用，打造长江经济带三大增长极；以黔中和滇中两大区域性城市群为补充，以沿江大中小城市和小城镇为依托，推动城市群之间、城市群内部产业布局、生态保护、环境治理等协调联动，形成区域联动、结构合理、集约高效、绿色低碳的新型城镇化格局。

受长江三峡南北两岸武陵山、大巴山山高谷陡地形条件限制，铁路、公路建设难度大，建设相对滞后，长江干线航道在长江上游与中下游的交通联系中显得尤为重要。宜昌至武汉河段航道水深低于上下游河段，存在明显的"肠梗阻"。出三峡后长江中游荆江河段航道"中梗阻"，显著降低了航运通行能力，增加物流成本和时间。蒙华铁路连接蒙陕甘宁能源"金三角"地区与鄂湘赣等华中地区，是"北煤南运"新的国家战略运输通道，其与长江干线航道在荆州港和岳阳港附近交叉，若能发挥铁水联运优势，实现煤炭向长江上游重庆和湖北省内武汉、黄冈、黄石等区域运输，将大幅度降低运输成本，充分发挥蒙华铁路的效益，而"中梗阻"问题制约了这一效益的发挥。

总体而言，航道"中梗阻"影响了成渝城市群与长江中游城市群、长三角城市群的互动沟通和联系，对长江经济带发展形成重大制约，亟须通过工程手段提高长江黄金水道功能。

2.5.2　长江大保护背景下水生态环境保护需求迫切

长江是我国生态安全战略格局的重要组成部分，拥有独特的生态系统，水域生态类型多样，水生生物资源丰富，是我国众多濒临灭绝的珍稀水生野生动物的重要栖息繁衍场所，是地球上极其宝贵的淡水生物宝库，对于维系生物多样性和生态平衡，保障国家生态安全，具有不可替代的重要作用。

打造"生态文明建设的先行示范带"是长江经济带国家发展战略的四大定位之一，标志着长江流域生态文明建设的极端重要性。2016 年 3 月 25 日，中共中央政治局审议通过《长江经济带发展规划纲要》，明确提出：把保护和修复长江生态环境摆在首要位置，共抓大保护，不搞大开发，全面落实主体功能区规划，明确生态功能分区，划定生态保护红线、水资源开发利用红线和水功能区限制纳污红线，强化水质跨界断面考核，推动协同治理，严格保护一江清水，努力建成上中下游相协调、人与自然相和谐的绿色生态廊道。2017 年 7 月，环境保护部、国家发展和改革委员会、水利部联合印发《长江经济带生态环境保护规划》，指出：长江经济带面临着水生态环境状况严峻、危险化学品运输量持续攀升，航运交通事故引发环境污染风险增加等问题和压力，应加强珍稀特有水生生物就地保护和迁地保护，提升水生生物保护和监管能力，加大物种生境的保护力度；应建立健全船舶环保标准，提升船舶污染物的接受处置能力，强化水上危化品运输安全环保监管和船舶溢油风险防范。

然而，随着长江流域经济的快速发展和人口的不断增加，长江水生生物资源及水域生态环境面临着诸多威胁。水域污染导致长江水域生态环境不断恶化，过度捕捞造成长江水生生物资源严重衰退，人类活动对水生生物栖息地造成了直接破坏，有"活化石"之称的中华鲟野生种群数量逐年减少，白鱀豚已功能性灭绝，白鲟、长江鲥鱼等濒临灭绝，流域生态系统破碎化、生态功能整体退化趋势加剧，饮用水安全保障和水环境风险的压力巨大，亟须走出一条行之有效的绿色发展之路。长江黄金水道作为长江经济带综合立体交通走廊的重要有机组成，在保护生态的前提下推进发展，实现航运发展与资源环境相适应。黄金水道的发展不仅可以为内河经济带建设提供支撑，为东中西协调发展奠定基础，为陆海双向开放创造条件，更要为生态文明建设做好示范，发挥节能环保优势，实现交通绿色低碳发展。

2.5.3 区域发展对防洪与水资源保障的要求越来越高

随着决胜全面建成小康社会的日益临近和社会主义现代化建设的稳步推进，长江流域经济社会发展必将发生深刻变化，推动经济高质量发展、绿色发展，提高保障和改善民生、实施区域协调发展、建设美丽中国，对增强流域水安全保障能力提出了新的更高要求。要支撑国家和区域协调战略发展，必须通过水利基础设施的高质量发展来破解流域水资源分布与生产力布局不相匹配的问题，统筹解决水安全、水资源、水环境、水生态等方面的问题。需要流域防洪安全得到全面保障，要加快推进防洪薄弱环节建设，建成完善的防洪减灾体系，提升防洪减灾的能力，实现经济社会发展与防洪的协调，保障人民生命财产安全。需要保障城乡供水安全，提高水资源节约利用水平，进一步优化流域水资源配置，补齐水资源综合利用短板。需要加强生态环境保护，促进生态系统良性循环。需要加强流域综合管理，市场在资源配置中的作用得到充分发挥，形成与基本建成现代化相匹配的水治理体系。

2.6　本章小结

本章梳理了长江中游自然地理以及经济社会概况，分析了长江中游开发与保护现状中存在的航道“中梗阻”、水资源保障能力不足、水环境污染风险增加、水生态系统退化趋势加剧、防洪形势严峻等问题，指出长江黄金水道潜力进一步发挥需要破解中游梗阻问题，同时需要与长江大保护和长江中游资源环境相适应，故研究综合考虑航运、生态环境保护、防洪、水资源利用等综合水利工程体系建设关键技术迫在眉睫。

第3章　长江中游多目标协同航运优化决策研究

自“十一五“以来，长江“黄金水道”经过中央和地方合力建设，航道建设初见成效，但同时长江水路货运量连年快速增长，内陆进出口需求持续攀升，现有航道无法有效顺应货运量发展需求，基础设施仍然薄弱，航运结构需要调整，运输能力有待释放，亟须破除航道“中梗阻”、运输效率低等问题。同时，在我国目前的社会经济背景条件下，几大流域人口密集，水资源高度开发，难以实现河流自然、生态、社会服务各项功能都达到理想状态。因此，从我国实际状况出发，多目标协同航运优化决策应是在顺应长江中游航运发展需求、有效解决航运发展“瓶颈”的条件下，满足河流一定的自然结构合理和生态环境需求，能提供较为良好的生态环境及社会服务功能，满足人类社会相应时期内可持续发展的需求，即在保持航运发展与开发、生态功能与社会服务功能的一种均衡状态下达到的良好协同发展水平。

3.1　多目标协同航运优化决策评价及模型构建思路

多目标协同航运优化决策的具体含义体现如下：在长江流域航道的开发利用和保护协调下，保持河流自然、生态功能与社会服务功能相对均衡发挥的状态，河流能基本实现正常的水、物质及能量的循环及良好的功能，包括维持一定水平的生态环境功能和社会服务功能，满足人类社会的可持续发展需求，解决长江中游现有航道存在的突出问题，满足水路货物发展需求，最终形成航道开发与环境保护保持平衡的良性循环局面。

针对现有航道优化决策研究中存在的评估不够全面、评价指标针对性不足、模糊性和不确定性处理能力欠佳等问题，需根据长江流域的实际情况，综合考虑环境因素和社会因素，不仅研究关注航道开发改善情况，也要对河流生态系统及流域整体进行考虑，形成河流整体、陆地—水生系统的耦合关系，故建立长江中游多目标协同航运优化决策模型。根据长江中游治理开发与保护现状及存在的主要问题，以及当前和今后一个时期长江治理开发与保护面临的形势，同时结合经济社会发展对长江治理开发与保护的要求，筛选出契合长江中游流域状态，能从多方面客观准确描述出长江中游流域开发与保护水平的评价指标。运用多指标综合评价体系下的证据推理方法所建立的优化决策模型是一种完整的、处理不确定性问题的方法模型，具有系统化、理论化的信任函数，可以很好地处理多个不确定性、模糊性信息，并能将之有效融合。对于长江中游流域系统而言，非线性、复杂性、模糊性、难融合性是系统因素指标的突出特点，使用该方法模型可以实现数据的有效融合，使评价更加科学、合理。

长江中游多目标协同航运优化决策模型是在航道开发分析的基础上，针对长江流域的自然功能、生态环境功能和社会服务功能，根据河流基本特征和个体特征，建立由共性指标和个性指标组成的优化决策评价指标体系。其构建思路主要是首先用德尔菲法收集本领域内相关专家的问卷调查结果，问卷主要是调查两个方面的情况：一是收集通过影响因素分析筛选而构成的指标体系中各指标的两两重要性对比情况；二是收集新人工航道建设前后专家对各项指标在辨识框架（研究将长江中游多目标协同航运优化决策综合评价结果划分为五个等级，即模型的辨识框架）下的置信度统计结果。然后通过收集的结果构建各级判断矩阵，运用层次分析法进行一致性检验，通过检验后确定各指标的综合权重值；根据置信度统计结果结合权重值得出权值置信度表，运用带有权重系数的 Dempster 合成规则对各指标进行证据融合，从而得出所有指标在辨识框架下的基本概率指派，结合归一化系数计算总置信度，从而计算确定性评价结果，以此结果进行相应的优化决策分析。模型构建流程图见图 3.1-1。

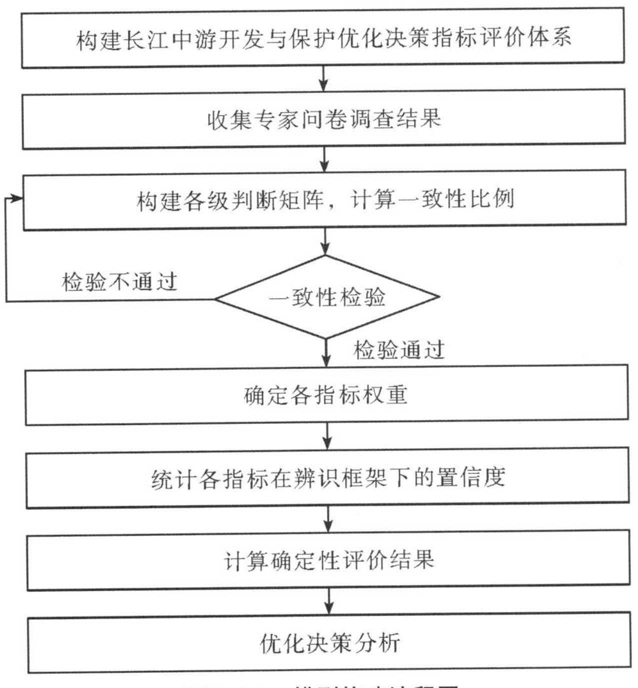

图 3.1-1　模型构建流程图

3.2 影响因素分析及指标体系的构建

3.2.1 完整的指标体系

根据健康长江评价指标体系，结合流域航运优化决策评价指标体系，综合考虑长江中游航运、防洪、水资源利用、生态环境保护等内外部约束条件，对河流相关评价指标体系进行了梳理，提出完整的评价指标体系见表 3.2-1。

表 3.2-1　长江中游多目标协同航运优化决策评价指标体系(完整)

总体层	系统层	状态层	指标层	
长江中游多目标协同航运优化决策评价	自然属性	航道稳定状况	1	河岸稳定性
			2	河床稳定性
			3	河势稳定性
			4	水系连通性
			5	优良河势保持率
			6	滩槽格局稳定性
			7	河流廊道连续性
			8	输沙能力
		河岸带状况	9	湿地保留率
			10	植被覆盖率
			11	河岸防护带宽度
			12	生态堤岸所占比例
	生态属性	航道生态特性	13	生态需水量满足率
			14	生态需水量满足度
			15	水功能区水质达标率
			16	水土流失率
			17	水土流失治理率
			18	输沙模数
			19	溶解氧量
			20	总磷、浊度、电导率、pH 值
		生态环境适应性	21	生物多样性指数
			22	鱼类生物完整性指数
			23	珍稀水生生物存活状况
			24	水生物洄游状况
			25	藻类多样性指数
			26	四大家鱼产卵量

续表

总体层	系统层	状态层	指标层	
长江中游多目标协同航运优化决策评价	社会属性	防洪安全保障	27	防洪工程措施达标率
			28	防洪非工程措施完善率
			29	最大排蓄洪水能力
			30	洪灾损失率
		水资源开发利用	31	水资源开发利用率
			32	水能资源开发利用率
			33	万元 GDP 用水量
			34	饮水安全保证率
			35	综合灌溉保证率
			36	综合供水保证率
			37	农田灌溉亩均用水量
			38	人均生活用水量
			39	水电开发率
		航运功能	40	高标准通航水深保证率
			41	航标设施完善率
			42	通航密度
			43	航运安全保障能力
		水文情势变化	44	河道水情变化率
			45	日径流变差系数
			46	年径流变化状况
		监测水平	47	跨界河流监测站点完善状况
			48	非工程措施完善状况
		区域经济发展状况	49	区域 GDP 总额
			50	区域经济发展贡献度
			51	区域就业增长率
			52	区域城镇化发展水平
			53	交通运输业基础设施投资额
		景观娱乐功能	54	景观舒适度

各项指标解释说明如下。

(1)河岸稳定性

河岸稳定性满足要求的特征是:河岸无明显冲刷侵蚀或少量区域存在冲刷侵蚀现象,岸边坡度小于 1/3;河岸稳定性不满足要求的特征是:河岸冲刷侵蚀比较明显,大部分河岸遭受侵蚀,岸边坡度大于 1/3,深泓离岸距离与河宽之比在 0.07～0.3。

(2)河床稳定性

河床稳定性满足要求的特征是：河床无明显冲刷或淤积，属于微弯或分汊河型，河床综合稳定性指标 $\phi<2.0$；河床稳定性不满足要求的特征是：河床有明显冲刷或淤积，属于分汊或游荡河型，河床稳定性综合指标 $\phi>2.0$。

(3)河势稳定性

河势稳定是反映河流自然形态的重要方面，针对长江的实际情况，河势稳定应满足：主流走向基本稳定，主流线年际与年内仅随上游来水的变化而发生相应变动，无单向摆动趋势；岸线基本稳定，崩岸治理率超过90%；分汊河段主支汊分流比保持相对稳定。

(4)水系连通性

通过调查河道干支流、湖泊及其他湿地等水系的连通情况进行评价。

(5)优良河势保持率

河势是指一条河流或一段河道的基本流势，有时也称为基本流路，该项指标由专家评价得出。

(6)滩槽格局稳定性

河道中发育有众多的水下深槽，并常伴生有各种浅滩等地貌单元，共同组成了特性各异的动力地貌体系，若河道体系的水动力环境和泥沙冲淤达到动态平衡，同时滩槽的边界条件与动力条件已基本适应，则滩槽格局可维持较好的稳定性。

(7)河流廊道连续性

定性描述河道、湖泊、湿地、滩涂的连通性。

(8)输沙能力

指进入某一河道的泥沙总量与输出这一河道的泥沙量之比。

(9)湿地保留率

指流域湿地面积占流域面积的百分比。

(10)植被覆盖率

植被可以通过影响河流的流动、河岸抗冲刷强度、泥沙沉积、河床稳定性和河道形态而对河流产生很大的影响。同时，合理分布的植被还有助于减轻洪水灾害、净化水体等。

(11)河岸防护带宽度

自然河流都具有一定宽度的河岸植被缓冲带，可起到分蓄和削减洪水的功能，还具有众多的生态和环境效应，是影响河流物种多样性的关键因素。在河流、河岸区域让出一部分土地，减缓水流流速，增加生物多样性，减少面源污染。

(12)生态堤岸所占比例

堤岸作为水陆生态交错带，是生态交错带的一个重要类型，其生态系统具有水陆交错带的一些独特特性，如空间异质性较高，生物多样性和生态脆弱性等。生态堤岸的优点是在保证堤岸发挥防洪效益的基础上，用自然的结构和形式顺应自然的进程。

(13)生态需水量满足率

指河道天然最小流量占河道生态需水最小流量的百分比，其中河道生态需水最小流量是指维持河流水沙平衡、污染物稀释自净、水生生物生存和河口生态所需要的最小流量。

(14)生态需水量满足度

指河道内流量维持河道生态环境功能和生态环境建设所需要的最小流量的满足程度，反映河道内水资源量满足生态环境要求的状况，一般可以用水文系列(30年以上)中河道内流量大于或等于生态环境需水流量的月数/总月数×100%。

(15)水功能区水质达标率

指达到水质目标的水功能区个数占水功能区总数的百分比。

(16)水土流失率

指流域水土流失面积占流域土地总面积的百分比。

(17)水土流失治理率

水土流失治理率是水土保持方案编制和水土流失监测工作中常用的一个概念。通常是指某区域范围某时段内，水土流失治理面积除以原水土流失面积，是一个百分比值。计算公式为：治理后的水土流失量/治理前的水土流失量×100%。

(18)输沙模数

输沙模数是指河流某断面以上单位面积上所输移的泥沙量，一般以 $t/(km^2 \cdot a)$ 表示。输沙模数高，表示流域水土流失严重，河道输沙能力大；反之，表示流域水土流失弱，河道输沙能力小。

(19)溶解氧量

溶解氧量指的是水中氧气的溶解量，溶解氧量是水中生物在水中生存的重要指标之一。一般来说，5～8mg/L 的溶解氧量就可以了。有一些品种(主要是生存于急水流域的鱼类)需要 10～12mg/L 甚至是更高的溶解氧量。

(20)总磷、浊度、电导率、pH 值

评估水质的关键参数。

(21)生物多样性指数

较高的生物多样性是河流健康评价中一个常用的重要监测指标。具体采用方法和分析方法参照国家标准，评价时根据 shannon-wiener 生物多样性指数 H 的得分进行判断。

$$\text{Shannon-wienerz 指数 } H = -\sum[(n_i/N)\log(n_i/N)]$$

式中：N 为样品生物个体总数；n_i 为第 i 种生物的个体数。

(22)鱼类生物完整性指数

通过调查计算流域的鱼类生物完整性指数进行评价，结合长江的实际状况，参考相关文献资料，评价参数及赋分标准见表 3.2-2。

表 3.2-2　　鱼类完整性指数评价参数及赋分标准表

序号	指标	评分标准		
		5	3	1
1	种类数占期望值的比例(%)	>60	35～60	<30
2	鲤科鱼类种类数百分比(%)	<45	45～60	>60
3	鳅科鱼类种类数百分比(%)	2～4	4～6	6～8
4	鲶科鱼类种类数百分比(%)	2～5	6～8	9～12
5	商业捕捞获得的鱼类科数百分比(%)	>18	12～18	<12
6	鲫鱼(放养鱼类)数量比例(%)	7～22	23～38	39～54
7	杂食性鱼类数量比例(%)	<10	10～40	40
8	底栖动物食性鱼类数量比例(%)	>45	20～45	<20
9	鱼食性鱼类数量比例(%)	>10	5～10	<5
10	单位面积产鱼量(kg/hm^2)	>100	80～40	<40
11	天然杂交个体比例(%)	0	0～1	>1
12	感染疾病和外形异常个体比例(%)	0～2	2～5	>5

(23)珍稀水生生物存活状况

指珍稀水生动物能在河流中生存繁衍，并维持在影响生存的最低种群数量以上的状况，反映珍稀水生动物的保护程度。在长江中游区域主要考虑的珍稀水生动物有白鳖豚、长江鲟、长江江豚、胭脂鱼、中华鲟等的种群及繁殖群体数量，均为国家一级或二级保护水生生物。

(24)水生生物洄游状况

指水工建设及人为障碍物对鱼类栖息、迁徙、繁殖等的影响程度。该指标可通过水利工程过鱼设施完善度和鱼类栖息繁殖场所保留率表示，其计算公式为：水利工程过鱼设施完善度＝干流及重要支流上设有专门过鱼设施的大型水利工程数量/相应水利工程总数量。

(25)藻类多样性指数

指河流着生藻类种类和数量的多样性。藻类因其生存环境相对固定，处于河流生态系统食物链的始端，生活周期短，对污染物反应敏感，可为水质变化提供较早的预警信息，是河流健康监测的主要指示类群之一。藻类多样性指数计算方法为：

$$a = s/\sqrt{N}$$

式中：s 为种类数；N 为个体数。

(26)四大家鱼产卵量

指长江中游流域四大家鱼的产卵数量。

(27)防洪工程措施达标率

指达到设计防洪标准的工程数量占防洪工程总数的百分比。

(28)防洪非工程措施完善率

指已完善的防洪非工程措施并能有效运行的部门数占防洪总部门数的百分比。

(29)最大排蓄洪水能力

指河道通过排和蓄等方式能够处理的最大洪水量级，根据水文站水文数据得到。

(30)洪灾损失率

指洪水所造成的损失/GDP。

(31)水资源开发利用率

指流域水资源开发量占流域水资源总量的百分比。

(32)水能资源开发利用率

指流域水电站总装机容量占流域水能资源技术可开发量的百分比。

(33)万元GDP用水量

指流域用水总量占流域生产总值的百分比。

(34)饮水安全保证率

指城乡居民饮水安全人口占总人口的比例。

(35)综合灌溉保证率

$$综合灌溉保证率=\sum_{i=1}^{n}(A_i \times P_i)/\sum_{i=1}^{n}A_i$$

式中：A_i 为第 i 个灌区的灌溉面积，万亩；P_i 为第 i 个灌区的设计灌溉保证率。

(36)综合供水保证率

$$综合供水保证率=\sum_{i=1}^{n}(W_i \times P_i)/\sum_{i=1}^{n}W_i$$

式中：W_i 为第 i 个供水工程的平均日供水量，m^3/d；P_i 为第 i 个供水工程的设计供水保证率。

(37)农田灌溉亩均用水量

指流域灌溉用水总量占流域总灌溉面积的百分比。

(38)人均生活用水量

指流域生活用水总量与流域人口总数的比值。

(39)水电开发率

指已、正开发的水能资源量占经济可开发量的比例。

(40)高标准通航水深保证率

参照《内河通航标准》中通航水深保证率的概念，我们定义高标准通航水深保证率＝年大于高标准通航水深天数/365，高标准通航水深为6m。

(41)航标设施完善率

根据《内河通航标准》，航标设施完善率＝正常运作的航标/航道设计时应布设的航标。

(42)通航密度

指单位时间内通过某一航道断面的船舶或船队数量，一般以24h为计算时间单位。

(43)航运安全保障能力

用百万吨货物通过量水上交通事故死亡率进行计算。

(44)河道水情变化率

指同级水位所对应流量的变化幅度。

(45)日径流变差系数

指主要控制断面日径流系列均方差与该断面日径流均值的比值。

(46)年径流变化状况

年径流量的 C_v 值(变差系数)反映年径流量总体系列离散程度，C_v 值大，年径流的年际变化剧烈，这对水利资源的利用不利，而且易发生洪涝灾害；C_v 值小，则年径流量的年际变化小，有利于径流资源的利用。

(47)跨界河流监测站点完善状况

该指标仅指省际河段水质监测、重点水文站设备与能力建设完好水平以及工作成效。

(48)非工程措施完善状况

指已建立完善的非工程体系并能有效运行的部门数占总部门数的比例。非工程措施主要指水利信息采集系统、通信系统、计算机网络系统、决策支持系统、水利自动化控制与监测设施、防汛抗旱及污染突发事件处理及重点地区超标准洪水防御方案等。

(49)区域GDP总额

指长江中游区域所有常住单位在一定时期内生产活动的最终成果，等于各产业增加值之和。

(50)区域经济发展贡献度

指长江航运相关产业带动的GDP占区域总GDP的比值。

(51)区域就业增长率

指区域内某一时期内增雇的职工人数在就业总人数中所占的百分数。增加的人数包括各类职工，即包括新雇用的和再次雇用的固定工或临时工。

(52)区域城镇化发展水平

指区域内市人口和镇人口占全部人口的百分比。

(53)交通运输业基础设施投资额

指长江中游区域内交通运输基础设施的投资额，交通运输基础设施投资是经济稳定增长的助推器。

(54)景观舒适度

指水景观调查满意人数占调查总人数的百分比。其中水景观舒适度指人们对水体、水上跨越结构、山体树木、水生动植物、天光映衬等在人们眼中形成的富有深度的视觉效果的满意程度。

3.2.2　筛选后的指标体系

根据长江中游治理开发与保护现状及存在的主要问题，当前和今后一个时期长江治理开发与保护面临的形势，结合经济社会发展对长江治理开发与保护的要求，长江中游流域开发与保护优化决策主要考虑以下几个方面：

(1)航运发展。长江是货运量位居全球内河第一的黄金水道，长江通道是我国国土空间开发最重要的东西轴线，在区域发展总体格局中具有重要战略地位。目前，长江航运通过能力(特别是中游航段)与人民群众日益增长的航运需求不匹配的矛盾日益突出，增强干线航运能力、改善支流通航条件是长江黄金水道建设乃至长江经济带高质量发展的首要内容，也是本研究探索长江中游多目标协同发展之路的前提。(相关指标：水系连通性、通航水深保证率、航标设施完善率、通航密度、船舶污染物排放状况、航运安全保障能力)

(2)生态保护。长江是我国生态安全战略格局的重要组成部分，拥有独特的生态系统，水域生态类型多样，水生生物资源丰富，是我国众多濒临灭绝的珍稀水生动物的重要栖息繁衍场所，对于维系生物多样性和生态平衡，保障国家生态安全，具有不可替代的重要作用。然而，随着长江流域经济的快速发展和人口的不断增加，长江水生生物资源及水域生态环境面临着诸多威胁。长江经济带发展战略把生态文明、绿色发展作为首要原则，要求把保护和修复长江生态环境摆在首要位置，共抓大保护，不搞大开发。因此，在航运优化决策中必须考虑河流生态健康状态相关因素。(相关指标：输沙模数、生物多样性指数、鱼类生物完整性指数、珍稀水生生物存活状况、溶解氧量、水功能区水质达标率、四大家鱼产卵量)

(3)河势稳定及防洪安全。三峡及干支流控制性水利水电工程建成后，能够较大程度地提升长江中下游地区的防洪能力和防洪标准，而且还可以有效地延缓河流淤积，使中下游地区防洪形势发生利好变化。但同时改变了下游河道的来水来沙条件，河床将发生沿程冲刷，并可能引起河势的调整，使得中下游河段冲淤条件发生一系列的变化，对防洪安全、岸线和洲滩利用、航运发展提出了新的要求。目前，中下游干流河道基本得到初步控制，总体上河势向稳定方向发展，但河势稳定程度仍不能适应两岸经济社会快速发展的需要，有些河段河势变化仍然较大，洪水威胁仍然普遍存在。因此，在航运优化决策问题上需要具体考虑河流情势与防洪安全情况。（相关指标：河岸稳定性、河床稳定性、河道水情变化率、日径流变差系数、年径流变化状况、防洪工程措施达标率、防洪非工程措施完善率、最大排蓄洪水能力）

（4）航道水资源开发利用。水资源是生命之源、生产之要，航运优化决策中既要保证流域内农业灌溉用水量，还要保证周边城镇生产生活的人均需水量。（相关指标：综合灌溉保证率、综合供水保证率）

（5）区域经济发展情况。长江中游的治理开发的目的是带动区域经济发展，同时依托长江黄金水道，促进长江经济带东中西部协同发展。（相关指标：区域 GDP 总额、区域经济发展贡献度、区域就业增长率、区域城镇化发展水平、交通运输业基础设施投资额）

综上，本研究从航道稳定状况、航道生态特性、生态环境适应性、航道防洪安全保障、航道水资源开发利用、航运功能、航道水文情势变化、区域经济发展状况等 8 个方面，共计 27 项评价指标，构造通过筛选后的长江中游多目标协同航运优化决策评价指标体系，见表 3.2-3。

表 3.2-3　长江中游多目标协同航运优化决策评价指标体系（筛选后）

总体层	系统层	状态层	指标层	
长江中游多目标协同航运优化决策评价	自然属性	航道稳定状况	1	河岸稳定性
			2	河床稳定性
			3	水系连通性
	生态属性	航道生态特性	4	水功能区水质达标率
			5	输沙模数
			6	溶解氧量
		生态环境适应性	7	生物多样性指数
			8	鱼类生物完整性指数
			9	珍稀水生生物存活状况
			10	四大家鱼产卵量
	社会属性	防洪安全保障	11	防洪工程措施达标率
			12	防洪非工程措施完善率
			13	最大排蓄洪水能力

续表

总体层	系统层	状态层	指标层	
长江中游多目标协同航运优化决策评价	社会属性	水资源开发利用	14	综合灌溉保证率
			15	综合供水保证率
		航运功能	16	高标准通航水深保证率
			17	航标设施完善率
			18	通航密度
			19	航运安全保障能力
		水文情势变化	20	河道水情变化率
			21	日径流变差系数
			22	年径流变化状况
		区域经济发展状况	23	区域 GDP 总额
			24	区域经济发展贡献度
			25	区域就业增长率
			26	区域城镇化发展水平
			27	交通运输业基础设施投资额

3.3　模型构建

3.3.1　构建辨识框架

辨识框架是评估结论的集合总称，是决策准则，同时也规定了系统各个指标的取值范围。评价等级的细化可以使得对长江中游人工水道的评估更加准确，但是过细的划分评价等级会增加评估过程的复杂程度。因此，为了简化评估过程，在保证评估的准确性和客观性的基础上，研究中将长江中游河流健康综合评价结果划分为五个等级，即模型的辨识框架为：

$$H=\{H_1,H_2,H_3,H_4,H_5\}=\{差,较差,一般,好,很好\}$$

将评语的评价值 $P(H)$ 用比例标尺法确定，选取：$P(H)=\{P(H_1),P(H_2),P(H_3),P(H_4),P(H_5)\}=\{0.1,0.3,0.5,0.7,0.9\}$，各等级对应的取值范围见表 3.3-1。

表 3.3-1　　长江中游人工水道综合评价等级

评估等级	差	较差	一般	好	很好
取值范围	0～0.2	0.2～0.4	0.4～0.6	0.6～0.8	0.8～1

3.3.2　确定各指标的权重

(1)构造判断矩阵并赋值

每一个具有向下隶属关系的元素(被称作准则)作为判断矩阵的第一个元素(位于左上角),隶属于它的各个元素依次排列在其后的第一行和第一列。

针对判断矩阵的准则,其中两个元素两两比较哪个重要,重要多少,对重要性程度按1～9赋值,见表3.3-2。

表3.3-2　　重要性标度含义表

重要性标度	含义
1	表示两个元素相比,具有同等重要性
3	表示两个元素相比,前者比后者稍重要
5	表示两个元素相比,前者比后者明显重要
7	表示两个元素相比,前者比后者强烈重要
9	表示两个元素相比,前者比后者极端重要
2,4,6,8	表示上述判断的中间值
倒数	若元素 i 与元素 j 的重要性之比为 a_{ij},则元素 j 与元素 i 的重要性之比为 $a_{ji}=1/a_{ij}$

(2)层次单排序(计算权向量)与一致性检验

层次单排序是指每一个判断矩阵各因素针对其准则的相对权重,所以本质上是计算权向量。对于一致性判断矩阵,每一列归一化后就是相应的权重。对于非一致性判断矩阵,每一列归一化后近似其相应的权重,再对这 n 个列向量求取算术平均值作为最后的权重。具体的公式是:

$$W_i=\frac{1}{n}\sum_{j=1}^{n}\frac{a_{ij}}{\sum\limits_{k=1}^{n}a_{kl}}$$

在实际中要求判断矩阵满足大体上的一致性,需进行一致性检验。只有通过检验,才能说明判断矩阵在逻辑上是合理的,才能继续对结果进行分析。

一致性检验的步骤如下。

第一步,计算一致性指标C. I. (consistency index)。

$$\text{C. I.}=\frac{\lambda_{\max}-n}{n-1}$$

第二步,查表确定相应的平均随机一致性指标R. I. (random index)。

判断矩阵不同阶数查表3.3-3,得到平均随机一致性指标R. I. 。例如,对于5阶的判断矩阵,查表得到R. I. =1.12。

表 3.3-3　　**平均随机一致性指标 R.I. 表**

矩阵阶数	1	2	3	4	5	6	7	8
R.I.	0	0	0.52	0.89	1.12	1.26	1.36	1.41

矩阵阶数	9	10	11	12	13	14	15
R.I.	1.46	1.49	1.52	1.54	1.56	1.58	1.59

第三步，计算一致性比例 C.R.(consistency ratio)并进行判断。

$$\text{C.R.}=\frac{\text{C.I.}}{\text{R.I.}}$$

当 C.R.<0.1 时，认为判断矩阵的一致性是可以接受的，C.R.>0.1 时，认为判断矩阵不符合一致性要求，需要对该判断矩阵进行重新修正。

(3)层次总排序与检验

总排序是指每一个判断矩阵各因素针对目标层(最上层)的相对权重。这一权重的计算采用从上而下的方法，逐层合成。

第二层的单排序结果就是总排序结果。假定已经算出第 $k-1$ 层 m 个元素相对于总目标的权重 $w^{(k-1)}=(w_1^{(k-1)},w_2^{(k-1)},\cdots,w_m^{(k-1)})^{\mathrm{T}}$，第 k 层 n 个元素对于上一层(第 k 层)第 j 个元素的单排序权重是 $p_j^{(k)}=(p_{1j}^{(k)},p_{2j}^{(k)},\cdots,p_{nj}^{(k)})^{\mathrm{T}}$，其中不受 j 支配的元素的权重为零。令 $P^{(k)}=(p_1^{(k)},p_2^{(k)},\cdots,p_n^{(k)})$，表示第 k 层元素对第 $k-1$ 层 m 个元素的排序，则第 k 层元素对于总目标的总排序为：

$$w^{(k)}=(w_1^{(k)},w_2^{(k)},\cdots,w_n^{(k)})^{\mathrm{T}}=p^{(k)}w^{(k-1)}$$

或

$$w_i^{(k)}=\sum_{j=1}^{m}p_{ij}^{(k)}w_j^{(k-1)}\quad i=1,2,\cdots,n$$

同样，也需要对总排序结果进行一致性检验。

假定已经算出针对第 $k-1$ 层第 j 个元素为准则的 $\text{C.I.}_j^{(k)}$、$\text{R.I.}_j^{(k)}$ 和 $\text{C.R.}_j^{(k)}$，$j=1,2,\cdots,m$，则第 k 层的综合检验指标：

$$\text{C.I.}_j^{(k)}=(\text{C.I.}_1^{(k)},\text{C.I.}_2^{(k)},\cdots,\text{C.I.}_m^{(k)})w^{(k-1)}$$

$$\text{R.I.}_j^{(k)}=(\text{R.I.}_1^{(k)},\text{R.I.}_2^{(k)},\cdots,\text{R.I.}_m^{(k)})w^{(k-1)}$$

$$\text{C.R.}^{(k)}=\frac{\text{C.I.}^{(k)}}{\text{R.I.}^{(k)}}$$

当 $\text{C.R.}^{(k)}<0.1$ 时，认为判断矩阵的整体一致性是可以接受的。

3.3.3　确定各指标在辨识框架下的置信度

定量指标直接确定定量值，并根据相关规定或条例确定指标值所处的评价等级；定性指标采用德尔菲法确定，向本领域内相关专家发放调查问卷。

3.3.4 引入权重的 Dempster 合成规则

(1)参数说明

a_l:第 l 个被评价方案,$l=1,2,\cdots,S$,S 表示所有被评价方案的个数。

e_i :第 i 个评价指标,$i=1,2,\cdots,L$,L 表示总的评价指标个数。

$E_{I(i)}$:前 i 个指标的集合,$E_{I(i)}=\{e_1,e_2,\cdots,e_i\}$,其中 $E=E_{I(L)}=\{e_1,e_2,\cdots,e_L\}$ 。

w_i :第 i 个评价指标的权重,且 $\sum_{i=1}^{L} w_i=1$。

$\beta_{n,i}(a_l)$:方案 a_l 的第 i 个指标 e_i 在辨识框架 $H_n(n=1,2,\cdots,N)$ 下的置信度,N 表示所有评价等级的个数,且 $\sum_{n=1}^{N}\beta_{n,i}(a_l)\leqslant 1$。

$\beta_{H,i}(a_l)$:方案 a_l 的第 i 个指标 e_i 上的不确定置信度。

$m_{n,i}(a_l)$:方案 a_l 的第 i 个指标 e_i 在辨识框架 $H_n(n=1,2,\cdots,N)$ 下的基本概率指派。

$m_{H,i}(a_l)$:方案 a_l 的第 i 个指标 e_i 上的不确定的基本概率指派。

$S(e_i(a_l))$:方案 a_l 在第 i 个评价指标 e_i 上的置信度向量,即 $S(e_i(a_l))=\{H_n,\beta_{n,i}(a_l);H,\beta_{H,i}(a_l)\}$。

(2)计算过程

由于 Dempster 合成规则中的各置信函数并没有权重的差别,而实际问题中,各指标评价的权重是不一样的,因此,杨剑波的方法中将权重分配给各个评价指标,其推理过程为:

$$m_{n,i}(a_l)=w_i\beta_{n,i}(a_l) \quad i=1,2,\cdots,L;n=1,2,\cdots,N;l=1,2,\cdots,S \tag{3.3-1}$$

$$m_{H,i}=1-\sum_{n=1}^{N}m_{n,i}(a_l)=1-\sum_{n=1}^{N}w_i\beta_{n,i}(a_l) \tag{3.3-2}$$

$$H_n:m_{n,I(i+1)}(a_l)=K_{I(i+1)}(m_{n,I(i)}(a_l)m_{n,i+1}(a_l)+m_{n,I(i)}(a_l)m_{H,i+1}(a_l)+m_{H,I(i)}(a_l)m_{n,i+1}(a_l)) \quad i=1,2,\cdots,L-1 \tag{3.3-3}$$

$$H:m_{H,I(i+1)}(a_l)=K_{I(i+1)}m_{H,I(i)}(a_l)m_{H,i+1}(a_l) \tag{3.3-4}$$

$$K_{I(i+1)}=\left[1-\sum_{s=1}^{N}\sum_{j=1;j\neq s}^{N}m_{s,I(i)}(a_l)m_{j,i+1}(a_l)\right]^{-1} \tag{3.3-5}$$

其中,$m_{n,I(i+1)}(a_l)(i=1,2,\cdots,L-1)$ 表示前 $i+1$ 个指标在评语等级 H_n 上的总基本置信度,$m_{H,I(i+1)}(a_l)$ 表示未分配给前 $i+1$ 个指标的总基本置信度,且 $m_{n,I(1)}(a_l)=m_{n,1}(a_l)$ 。经过 $L-1$ 次迭代运算可以求得 $m_{n,I(L)}(a_l)$ 和 $m_{H,I(L)}(a_l)$ 。设 $\beta_n(a_l)$ 表示方案 a_l 在第 n 个评价等级 H_n 上的总置信度,$\beta_N(a_l)$ 表示对方案 a_l 评价的总的不确定置信度,于是有:

$$H_n:\beta_n(a_l)=m_{nI(L)}(a_l) \quad n=1,2,\cdots,N \tag{3.3-6}$$

$$H:\beta_H(a_l)=m_{HI(L)}(a_l)=1-\sum_{n=1}^{N}\beta_n(a_l) \tag{3.3-7}$$

此处有：

$$\beta_H(a_l)+\sum_{n=1}^{N}\beta_n(a_l)=1 \tag{3.3-8}$$

于是，被评价方案 $a_l(l=1,2,\cdots,S)$ 的总置信度就可以表示成一个 $N+1$ 维的向量，如下式所示：

$$S(y(a_l))=\{H_n,\beta_n(a_l);H,\beta_H(a_l)\} \tag{3.3-9}$$

为了避免大量烦琐的计算，在上述递归算法的基础上提出了一种改进的解析算法，其运算过程如下：

$$m_{n,i}(a_l)=w_i\beta_{ni}(a_l)\quad i=1,2,\cdots,L;n=1,2,\cdots,N;l=1,2,\cdots,S \tag{3.3-10}$$

$$m_{H,i}=1-\sum_{n=1}^{N}m_{n,i}(a_l)=1-\sum_{n=1}^{N}w_i\beta_{n,i}(a_l) \tag{3.3-11}$$

$$\bar{m}_{H,i}(a_l)=1-w_i \tag{3.3-12}$$

$$\tilde{m}_{H,i}(a_l)=w_i(1-\sum_{n=1}^{N}\beta_{n,i}(a_l)) \tag{3.3-13}$$

$$m_{Hi}(a_l)=m_i(H)=\bar{m}_{Hi}(a_l)+\tilde{m}_{H,i}(a_l),\text{且}\sum_{i=1}^{l}w_i=1 \tag{3.3-14}$$

$$H:m_n(a_l)=K'\left[\prod_{i=1}^{L}(m_{n,i}(a_l)+\bar{m}_{Hi}(a_l)+\tilde{m}_{Hi}(a_l))-\prod_{i=1}^{L}(\bar{m}_{Hi}(a_l)+\tilde{m}_{Hi}(a_l))\right] \tag{3.3-15}$$

$$H:\tilde{m}_H(a_l)=K'\left[\prod_{i=1}^{L}(\bar{m}_{Hi}(a_l)+\tilde{m}_{Hi}(a_l))-\prod_{i=1}^{L}(\bar{m}_{Hi}(a_l))\right] \tag{3.3-16}$$

$$H:\bar{m}_H(a_l)=K'\left[\prod_{i=1}^{L}(\bar{m}_{Hi}(a_l))\right] \tag{3.3-17}$$

$$K'=\left[\sum_{n=1}^{N}\prod_{i=1}^{L}(m_{ni}(a_l)+\bar{m}_{Hi}(a_l)+\tilde{m}_{Hi}(a_l))-(N-1)\prod_{i=1}^{L}(\bar{m}_{Hi}(a_l)+\tilde{m}_{Hi}(a_l))\right]^{-1} \tag{3.3-18}$$

其中 $m_n(a_l)$ 为方案 a_l 的所有指标在辨识框架 $H_n(n=1,2,\cdots,N)$ 下的基本概率指派；$\bar{m}_H(a_l)$ 是由于在对总指标的评价中，单个下级指标权重不为1所产生的剩余概率，它反映了评价体系中其他指标所占的比重；$\tilde{m}_H(a_l)$ 是由于专家对指标 e_i 评价的不确定性和不知道所引起的，于是有：

$$H:\beta_n(a_l)=\frac{m_n(a_l)}{1-\bar{m}_H(a_l)}\quad n=1,2,\cdots,N \tag{3.3-19}$$

$$H:\beta_H(a_l)=\frac{\bar{m}_H(a_l)}{1-\bar{m}_H(a_l)} \tag{3.3-20}$$

评价总目标的"确定性"评价值 $S(a_l)$ 为：

$$S(a_l)=\sum_{n=1}^{N}P(H_n)\beta_n(a_l) \tag{3.3-21}$$

3.4 模型验算

3.4.1 利用 AHP 确定各层指标权重

采用层次分析法的 1～9 标度法设计调查问卷，邀请长江各领域专家，对两两指标的重要性赋予一定的数值（基于上一次专家问卷打分结果）。汇总整理各专家打分后，构造出比较判断矩阵，综合各专家打分取几何平均，得到各层因素间的综合判断矩阵，见表 3.4-1 至表 3.4-11。以此计算出的各指标权重见表 3.4-12。

表 3.4-1 系统层判断矩阵

	自然属性	生态属性	社会属性
自然属性	1	1.682933	1.176080
生态属性	0.594201	1	0.944088
社会属性	0.850283	1.059224	1

表 3.4-2 生态属性判断矩阵

	航道生态特性	生态环境适应性
航道生态特性	1	1.245731
生态环境适应性	0.802742	1

表 3.4-3 社会属性判断矩阵

	防洪安全保障	水资源开发利用	航运功能	水文情势变化	区域经济发展状况
防洪安全保障	1	4.728708	1.224745	1.42872	2.540664
水资源开发利用	0.211474	1	0.508133	1.07457	2.811707
航运功能	0.816497	1.96799	1	1.650964	2.466212
水文情势变化	0.699927	0.930605	0.605707	1	1.21644
区域经济发展状况	0.393598	0.355656	0.40548	0.822071	1

表 3.4-4 航道稳定状况判断矩阵

	河岸稳定性	河床稳定性	水系连通性
河岸稳定性	1	1	2.236068
河床稳定性	1	1	2.236068
水系连通性	0.447214	0.447214	1

表 3.4-5　航道生态特性判断矩阵

	水功能区水质达标率	输沙模数	溶解氧量
水功能区水质达标率	1	2.811707	1.699044
输沙模数	0.355656	1	0.759836
溶解氧量	0.588566	1.316074	1

表 3.4-6　生态环境适应性判断矩阵

	生物多样性指数	鱼类生物完整性指数	珍稀水生生物存活状况	四大家鱼产卵量
生物多样性指数	1	2.178	3.409	1.316
鱼类生物完整性指数	0.459	1	1.210	0.467
珍稀水生生物存活状况	0.293	0.827	1	0.435
四大家鱼产卵量	0.760	2.141	2.300	1

表 3.4-7　防洪安全保障判断矩阵

	防洪工程措施达标率	防洪非工程措施完善率	最大排蓄洪水能力
防洪工程措施达标率	1	1.732051	2.236068
防洪非工程措施完善率	0.57735	1	1.290994
最大排蓄洪水能力	0.447214	0.774597	1

表 3.4-8　水资源开发利用判断矩阵

	综合灌溉保证率	综合供水保证率
综合灌溉保证率	1	0.37606
综合供水保证率	2.659148	1

表 3.4-9　航运功能判断矩阵

	高标准通航水深保证率	航标设施完善率	通航密度	航运安全保障能力
高标准通航水深保证率	1	1.316074	1.643752	0.45032
航标设施完善率	0.759836	1	1.319508	0.308134
通航密度	0.608364	0.757858	1	0.221513
航运安全保障能力	2.220643	3.245342	4.514402	1

表 3.4-10　　水文情势变化判断矩阵

	河道水情变化率	日径流变差系数	年径流变化情况
河道水情变化率	1	2.942831	2.942831
日径流变差系数	0.339809	1	2.279507
年径流变化情况	0.339809	0.438691	1

表 3.4-11　　区域经济发展状况判断矩阵

	区域 GDP 总额	区域经济贡献度	区域就业增长率	区域城镇化水平	交通运输业基础设施投资额
区域 GDP 总额	1	4.400559	3.22371	3	4.959344
区域经济贡献度	0.227244	1	1.189207	1.316074	1.148698
区域就业增长率	0.310202	0.840896	1	1.106682	1.430969
区域城镇化水平	0.333333	0.759836	0.903602	1	2.047673
交通运输业基础设施投资额	0.20164	0.870551	0.698827	0.488359	1

表 3.4-12　　长江中游多目标协同航运优化决策评价指标权重

总体层	系统层	状态层	指标层	
长江中游人工水道总体水平	自然属性 0.412	航道稳定状况 1.0	1	河岸稳定性 0.408
			2	河床稳定性 0.409
			3	水系连通性 0.183
	生态属性 0.271	航道生态特性 0.555	4	水功能区水质达标率 0.518
			5	输沙模数 0.199
			6	溶解氧量 0.283
		生态环境适应性 0.445	7	生物多样性指数 0.398
			8	鱼类生物完整性指数 0.161
			9	珍稀水生生物存活状况 0.128
			10	四大家鱼产卵量 0.313
	社会属性 0.317	防洪安全保障 0.334	11	防洪工程措施达标率 0.494
			12	防洪非工程措施完善率 0.285
			13	最大排蓄洪水能力 0.221
		水资源开发利用 0.145	14	综合灌溉保证率 0.273
			15	综合供水保证率 0.727
		航运功能 0.265	16	高标准通航水深保证率 0.212
			17	航标设施完善率 0.159

续表

总体层	系统层	状态层	指标层	
长江中游人工水道总体水平	社会属性 0.317	航运功能 0.265	18	通航密度 0.120
			19	航运安全保障能力 0.509
		水文情势变化 0.157	20	河道水情变化率 0.586
			21	日径流变差系数 0.262
			22	年径流变化状况 0.151
		区域经济发展状况 0.10	23	区域 GDP 总额 0.485
			24	区域经济发展贡献度 0.139
			25	区域就业增长率 0.139
			26	区域城镇化发展水平 0.143
			27	交通运输业基础设施投资额 0.095

3.4.2　确定各项指标在辨识框架下的置信度

针对已确定权重的筛选指标，邀请长江各领域专家，借助其专业知识及经验对长江中游现状下的各项筛选指标进行等级评估，填写调查问卷，汇总整理各专家打分后，按照辨识框架区间（$H_1 \sim H_5$）进行分布，引入不确定度 H_0，得出 29 项已知权重的筛选指标在辨识框架下的置信度分布，见表 3.4-13。

表 3.4-13　　各项指标在辨识框架下的置信度

指标	H_1	H_2	H_3	H_4	H_5	H_0
河岸稳定性	0	0.4	0.4	0.2	0	0
河床稳定性	0	0.2	0.8	0	0	0
水系连通性	0.2	0	0.4	0.4	0	0
水功能区水质达标率	0	0	0.75	0.25	0	0
输沙模数	0	0	0.25	0.5	0	0.25
溶解氧量	0	0	0.67	0	0	0.33
生物多样性指数	0	0.25	0.5	0.25	0	0
鱼类生物完整性指数	0.25	0	0.75	0	0	0
珍稀水生生物存活状况	0.25	0.25	0.5	0	0	0
四大家鱼产卵量	0	0.4	0.5	0	0	0.1
防洪工程措施达标率	0	0.2	0	0.8	0	0
防洪非工程措施完善率	0	0	0.4	0.6	0	0
最大排蓄洪水能力	0	0.4	0.2	0.4	0	0
综合灌溉保证率	0	0	0.6	0.4	0	0

续表

指标	H_1	H_2	H_3	H_4	H_5	H_0
综合供水保证率	0	0	0.4	0.6	0	0
高标准通航水深保证率	0.3	0.5	0.2	0	0	0
航标设施完善率	0	0	0.4	0.2	0.4	0
通航密度	0.4	0.5	0.1	0	0	0.1
航运安全保障能力	0	0.2	0.7	0.1	0	0
河道水情变化率	0	0	1	0	0	0
日径流变差系数	0	0	0.75	0	0	0.25
年径流变化状况	0	0	1	0	0	0
区域 GDP 总额	0	0.25	0.5	0.25	0	0
区域经济发展贡献度	0	0.3	0.4	0.3	0	0
区域就业增长率	0	0	0.75	0.25	0	0
区域城镇化发展水平	0	0.25	0.5	0	0	0.25
交通运输业基础设施投资额	0	0	0.75	0.25	0	0

3.4.3 计算结果

(1)根据权重系数计算各项指标在辨识框架下的权值置信度(表 3.4-14),同时结合单个下级指标权重不为 1 所产生的剩余概率,得出各项指标在辨识框架 $H_n(n=1,2,\cdots,N)$ 下的基本概率指派和不确定的基本概率指派,利用带有权重系数的 Dempster 合成规则对各指标进行证据融合,从而得出所有指标在辨识框架 $H_n(n=1,2,\cdots,N)$ 下的基本概率指派(表 3.4-15)。

表 3.4-14　　各项指标在辨识框架下的权值置信度

指标	H_1	H_2	H_3	H_4	H_5	H_0
河岸稳定性	0	0.0672	0.0672	0.0336	0	0
河床稳定性	0	0.0338	0.1352	0	0	0
水系连通性	0.0150	0	0.0300	0.0300	0	0
水功能区水质达标率	0	0	0.0585	0.0195	0	0
输沙模数	0	0	0.0075	0.015	0	0.0075
溶解氧量	0	0	0.0287	0	0	0.0143
生物多样性指数	0	0.0120	0.0240	0.0120	0	0
鱼类生物完整性指数	0.0048	0	0.0143	0	0	0
珍稀水生生物存活状况	0.0038	0.0038	0.0075	0	0	0
四大家鱼产卵量	0	0.0152	0.0190	0	0	0.0038

续表

指标	H_1	H_2	H_3	H_4	H_5	H_0
防洪工程措施达标率	0	0.0105	0	0.0420	0	0
防洪非工程措施完善率	0	0	0.0121	0.0182	0	0
最大排蓄洪水能力	0	0.0094	0.0047	0.0094	0	0
综合灌溉保证率	0	0	0.0076	0.0050	0	0
综合供水保证率	0	0	0.0134	0.0201	0	0
高标准通航水深保证率	0	0.0036	0.036	0.0108	0	0
航标设施完善率	0	0	0.0052	0.0026	0.0052	0
通航密度	0	0.0040	0.0049	0	0	0.0010
航运安全保障能力	0	0.0086	0.0301	0.0043	0	0
河道水情变化率	0	0	0.0293	0	0	0
日径流变差系数	0	0	0.0098	0	0	0.0033
年径流变化状况	0	0	0.0075	0	0	0
区域 GDP 总额	0	0.0038	0.0076	0.0038	0	0
区域经济发展贡献度	0	0.0013	0.0018	0.0013	0	0
区域就业增长率	0	0	0.0033	0.0011	0	0
区域城镇化发展水平	0	0.0011	0.0023	0	0	0.0011
交通运输业基础设施投资额	0	0	0.0022	0.0007	0	0

表 3.4-15　　基本概率指派 $m_n(a_l)$

H_1	H_2	H_3	H_4	H_5
0.010925	0.092900	0.337534	0.119770	0.002296

其中，由于单个下级指标权重不为 1 所产生的剩余概率 $\bar{m}_H(a_l)$ 为 0.43；由于专家对指标 e_i 评价的不确定性和不知道所引起的概率 $\tilde{m}_H(a_l)$ 为 0.01。

(2)结合基本概率指派值和归一化系数计算所有指标在辨识框架 $H_n(n=1,2,\cdots,N)$ 下的总置信度(表 3.4-16)。

表 3.4-16　　总置信度 $\beta_n(a_l)$

H_1	H_2	H_3	H_4	H_5
0.018929	0.160963	0.584833	0.207521	0.003978

在所有指标上的不确定置信度 $\beta_H(a_l)$ 为 0.024。

(3)结合评价值 $P(H)$ 的比例标尺法，得出评价总目标的“确定性”评价值 $S(a_l)$。

$$S(a_1)=\sum_{n=1}^{N}P(H_n)\beta_n(a_l)=0.491$$

3.5 优化决策分析

上述计算表明，长江中游航道现状整体指标处于“一般”的状态。同时，由指标体系中各指标的综合权重值以及它们在辨识框架 $H_n(n=1,2,\cdots,N)$ 下的置信度得出的基本概率指派可知，由于河床自然演变频繁、航道水深不够及航运侵占了一部分水生动物的生存空间、船舶及港口造成的污染会对当地鱼类资源产生不利影响等原因，航道稳定状况、生态环境适应性等方面的指标大部分均处于“一般及以下”的状态。其中，高标准通航水深保证率、通航密度、珍稀水生生物存活状况等指标处于“差至较差”范围的值偏大，得分情况欠佳，因此，在后续规划中应优先着重考虑上述指标情况；而河岸稳定性、河床稳定性、航运安全保障能力、河道水情变化率、日径流变差系数、年径流变化状况、水功能区水质达标率、溶解氧量、生物多样性指数、鱼类生物完整性指数、四大家鱼产卵量、最大排蓄洪水能力、综合灌溉保证率、区域 GDP 总额、区域经济发展贡献度、区域就业增长率、区域城镇化发展水平、交通运输业基础设施投资额等指标主要集中在较差到一般范围内，得分情况一般，也需对这些指标情况进行综合考量。

以上分析可知，长江中游现有航道总体水平欠佳，航道通航能力有待提升。虽然经过多年建设，中游航道标准有了较大提高，宜昌至荆州、荆州至城陵矶、城陵矶至武汉航道尺度分别达到 3.5m×100m×750m、3.8m×150m×1000m、4.0m×150m×1000m，已实现 2020 年规划目标，但与上、下游航道相比，中游航道尺度明显偏低，上游涪陵至宜昌段、下游武汉至安庆段航道最低通航维护水深均已达到 4.5m 以上，而宜昌至武汉段仅为 3.5～4.2m，年大于高标准通航水深天数无法达到规范要求，高标准通航水深保证率不高，体现出现有航道梗阻严重、航行不畅的问题，与依托黄金水道推动长江经济带发展、挖掘中上游内需潜力、促进向沿江内陆拓展等需求相比还存在较大差距，中游航道瓶颈制约没有得到根本性解决，航道整体效能发挥受限，通过能力不能适应经济社会发展。因此，需按照黄金水道规划的标准进行调整，通过航道整治和新人工航道的开辟解决现有航道的突出问题。

围绕航运功能展开的同时，需考虑其他自然、社会、经济方面的因素作用，以航运功能建设带动多方面、多目标协同发展。在河流自然形态方面，河岸坡度大于 1/3，深泓离岸距离与河宽之比在 0.07～0.3，河岸冲刷侵蚀比较明显，主流线存在单向摆动趋势，体现出长江中游流域河岸与河势稳定性不足，在新航道改造期间需考察河岸与河势的稳定性；在水环境状况方面，水功能区水质达标率近 5 年来稳步提升，但仍未达到 85%以上，说明长江流域水环境状况存在着水功能区水质较差的情况，需对河流水质进行改善，控制河道输沙量，减少流域水土流失；从水生生物状况来看，长期以来，受拦河筑坝、水域污染、过度捕捞、航道整治、挖砂采石、滩涂围垦等影响，长江珍稀特有物种资源全面衰退，中华鲟、长江鲟、长江江豚等极度濒危，四大家鱼早期资源量比 20 世纪 80 年代减少了 90%以上。近年来，长江渔业资源年均捕捞产量不足 10 万 t，仅占我国水产品总产量的 0.15%，水生生物保护工作形势严峻，因此，新航道建设期间需着重考虑水生生物保护，确保鱼类洄游，栖息地修复。

综上所述，长江中游现有航道总体发展水平不足，现有问题突出。同时，随着流域经济社会的快速发展，水资源开发利用的需求日益增大，水资源及水生态与环境保护的任务更加艰巨，对长江的治理开发与保护提出了新要求。因此，需以航运功能提升为核心，对河流自然形态、水环境状况等多方面进行同步改进，统筹保护与开发，协调生态与发展，平衡总体与局部，兼顾当前与长远，让健康长江造福人民，加快长江中游治理开发与保护，为流域经济社会又好又快发展提供重要支撑。

3.6　本章小结

本章以破除长江中游航道"中梗阻"为目标，提出了多目标协同航运优化决策的内涵，对长江中游流域开发与保护优化决策的必要性及影响因素进行分析，在此基础上综合考虑长江中游防洪、水资源利用、生态环境保护等内外部约束条件，通过合理筛选后构建完整的开发与保护评价指标体系，建立基于证据推理的多指标评价模型，根据德尔菲法收集的专家问卷结果进行模型计算。结果表明，现状长江中游航道整体指标处于"较差至一般"的状态，在高标准通航水深保证率、通航密度、珍稀水生生物存活状况等指标处得分情况欠佳，需在后续规划建设中着重考虑对这些指标的影响情况，并做出相应的改进措施。

第4章　长江中游综合水利工程体系建设方案研究

长江中游未来的发展方向，即兼顾当前与长远，平衡总体与局部，统筹保护与开发，协调生态与发展，进一步提升航运功能、保护水生态环境，并促进水资源的综合利用。为此，必须以破解航道“中梗阻”问题为主要驱动力，以水生态、水环境保护为重要支撑点，以防洪排涝与河势稳定为首要任务项，确定长江中游综合水利工程体系的建设方案。

4.1　建设思路

荆江河段多浅滩碍航，历来是长江防洪的重要险段和航道维护的瓶颈河段，三峡水库建成运行后，“清水下泄”又增加了荆江河段河势及航道变化的复杂性。为了提升荆江河段航道等级，解决长江“中梗阻”问题，工程上主要有两个方面的思路：一是对原有航道直接进行航道整治，提升航道标准；二是考虑到江汉平原地区河网密布的特征，充分利用现有水系，规划新的航运通道。

(1)思路一

近十多年来，航道部门陆续对荆江重点碍航水道和正在向不利方向变化的水道实施了初步整治，航道条件取得不同程度的改善，但该河段最小维护水深仍明显低于上游和下游，枯水期大型货运船舶同行需减载、转驳，通航效率低，开展航道整治工程又存在以下三个方面的问题：

1)技术难度大，而且难以维护。

2)大规模的、频繁的航道整治影响河势力稳定与防洪安全。

3)荆江河段是鱼类资源和中华鲟、长江江豚等珍稀濒危野生动物的天然宝库；整治过程中的过度干扰会对这些重点保护水生动物的生存环境造成直接破坏，威胁到荆江生态环境资源。

(2)思路二

基于长江流域开发与保护优化决策模型的计算结果，考虑到荆江保护与发展的矛盾，秉持以生态环境保护、航运、防洪、水资源利用等多目标协同的原则，提出长江中游新水道工程方案：利用江汉平原地势平缓、水网密布的优势，打通一条连接荆、汉的生态新水道，与长江干流自然通道形成“双通道”新格局。相比思路一，该方案主要有以下特点：

1)将破解长江“中梗阻”问题,提升长江黄金水道“主轴”作用,与三峡水运新通道建设相结合,实现万吨级船舶直达重庆,社会效益和经济效益巨大。

2)新水道能有效分流大型船舶和过境船舶,减少船舶对长江的污染,同时干流通航密度逐步减少,有利于加强水生生境保护及生态修复,构筑绿色生态廊道。

3)依托新水道构建中游综合水利工程体系,向区域河湖水系补水,连通江汉平原生态水网,保障供水安全,为洞庭湖、洪湖湿地生态修复创造条件。

本章将围绕思路二展开,研究生态环境保护、航运、防洪、水资源利用等多目标协同的长江中游新水道建设方案。

4.2　国内外运河连通水道经验

世界上已经有多个运河连通水道的先例。水系之间通过运河相互沟通,不仅形成四通八达的运输网络,有利于货物的直达运输,还能向区域河湖补水,保障区域供水安全,增加水环境容量,修复区域水系湿地生态,同时兼顾了现有防洪体系的总体布局,在此基础上提升了防洪标准和防洪能力。欧美发达国家十分重视发展内河航运,其内河建设开发历史悠久,内河航运发达,取得举世瞩目的成就,成为了世界内河航运发展的典范;我国的京杭大运河也是世界知名水道,其航道建设与管理已经历数个世纪。下面将以美因—多瑙运河、伊利运河、苏伊士运河和京杭大运河为例分析国内外运河建设发展经验,为本项目提供参考。

4.2.1　美因—多瑙运河

美因—多瑙运河是德国境内一条沟通莱茵河支流美因河与多瑙河的人工水道,位于德国东南部的巴伐利亚州。运河北起美因河畔班贝格,南至多瑙河畔凯尔海姆,全长 171km(图 4.2-1)。运河于 1960 年动工,1992 年正式通航。美因—多瑙运河 17km 的分水岭河段穿越弗兰肯山脉(莱茵河和多瑙河的分水岭),河面高程 406m,是欧洲航道网的最高点。运河连接了欧洲大陆上的莱茵河和多瑙河两大水系,缩短了北海与黑海之间的内河航程,对东、西欧间的货运交通及欧洲内陆各国的对外联系均具有重要意义。

美因—多瑙运河是综合开发的典范。整个工程包括运河、道路、桥梁、水库、电站、绿化等一系列建设项目,开发的目标不仅在于航运,而且包括水力发电、调水(从丰水的南巴伐利亚州输水到缺水的北巴伐利亚州)、防洪、旅游、养殖等方面。还可通过运河把多瑙河上游清洁的水源引入美因河,用于改善受污染的美因河水质。美因—多瑙运河的开通使欧洲人长久以来的梦想成为现实,最终形成了一个沟通北海、波罗的海、大西洋比斯开湾、地中海和黑海的四通八达的欧洲内河航道网。

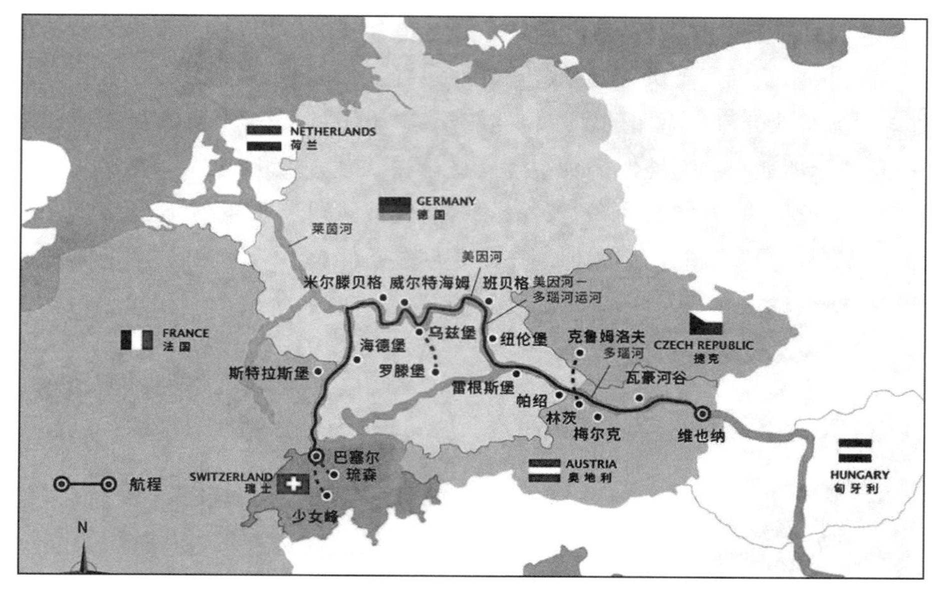

图 4.2-1　美因—多瑙运河平面位置图

4.2.2　伊利运河

纽约的伊利运河因湖而名，起点是发源于伊利湖的尼亚加拉河，水位海拔 174m。它横跨纽约州北部，在纽约州府奥尔巴尼市与哈德逊河汇合，全长 584km，是美国最长的运河，世界排名第六(图 4.2-2)。整条运河宽 12m、深 1.2m，共有 83 个水闸，单个水闸规模为 27m×4.5m，最高可以行驶排水量 68T 的平底驳船。

伊利运河把哈德逊河和伊利湖相连，向东可以经哈德逊河通往东方第一大港纽约以及整个东北地区，向西可以经过五大湖及俄亥俄河与整个中西部发生联系，成为当时西部与东北部之间的主要交通和贸易渠道，五大湖区四通八达的航道网促进了该区域的经济发展，使其成为世界上经济最发达的地区之一。

伊利运河是第一条提供美国东海岸与西部内陆的快速运输工具，这比当时最常用的以动物拉动的拖车还快许多。伊利运河不只加快运输的速度，也将沿岸地区与内陆地区的运输成本减少了 95%。快捷的运河交通使得纽约州西部更便于到达，因此也造成中西部的人口快速成长。运河的修建成功将纽约带入了商业中心，并促进了美国运河的开掘，同时还为美国培养了大批工程师，这些工程师在美国后来几十年的运河和铁路建设中起到了巨大的作用。

图 4.2-2　伊利运河平面位置图

4.2.3　苏伊士运河

苏伊士运河北起地中海侧的塞得港(Port Said),南至红海苏伊士城的陶菲克港(Port Tewfik),1869 年建成之初,苏伊士运河的总长度 164km,深度 8m(图 4.2-3)。

苏伊士运河独特的地理位置使其成为东西方海上捷径,作为世界上最长的无闸运河,苏伊士运河昼夜通航;与其他航道相比,事故发生率几乎为零;且航道便于拓宽和加深,可以满足船舶尺度和吨位增大的需求。由于采用了基于最先进的雷达网络的船舶交通管理系统(VTMS),可以对运河中的船舶进行全方位监控,并在紧急情况下予以干预。部分装载的特大型油轮和超巨型油轮可以通过苏伊士运河。

2014 年 1 月,苏伊士运河管理局宣布将对现有航道进行大规模开发,兴建全球工业与物流枢纽。该项目将使苏伊士运河成为影响全球贸易的世界商贸物流和经济中心。项目所增加的外汇收入将用于全面发展西奈地区。苏伊士运河开发项目于 2015 年初开始动工,建设总面积达到 76 万 km^2,拟在现有港口建立工业区和物流区,旨在利用苏伊士运河的地理优势推动埃及国民经济的发展。

图 4.2-3 苏伊士运河

4.2.4 京杭大运河

京杭大运河南起余杭(今杭州),北到涿郡(今北京),途经今浙江、江苏、山东、河北四省及天津、北京两市,贯通海河、黄河、淮河、长江、钱塘江五大水系,全长约 1797km(图 4.2-4)。作为南北交通大动脉,运河一直为历代漕运要道,对中国南北地区之间的经济、文化发展与交流,特别是对沿线地区工农业经济的发展起到了巨大作用。京杭大运河的河段并非全部由人工开凿,有许多地方利用了天然的河流和湖泊,全程可分为七段:通惠河、北运河、南运河、鲁运河、中运河、里运河、江南运河。

南水北调东线工程利用京杭大运河作为长江水北送的主要渠道。工程以江都抽水站为起点,京杭大运河为输水主干线,连通沿途作为调蓄水库的洪泽湖、骆马湖、南四湖、东平湖,经 13 个梯级泵站逐级提水进入东平湖后,分水两路向京津地区和胶东地区送水,全线提升水位达 30m。工程通过跨区域调配水资源,有效解决北方水资源严重短缺的问题。东线工程主要利用古代运河故道整修后调水,大规模的调水和治污不仅为断流和生态功能瘫痪区域带来系统修复的机会,而且也使大运河的整体性保护规划成为可能。

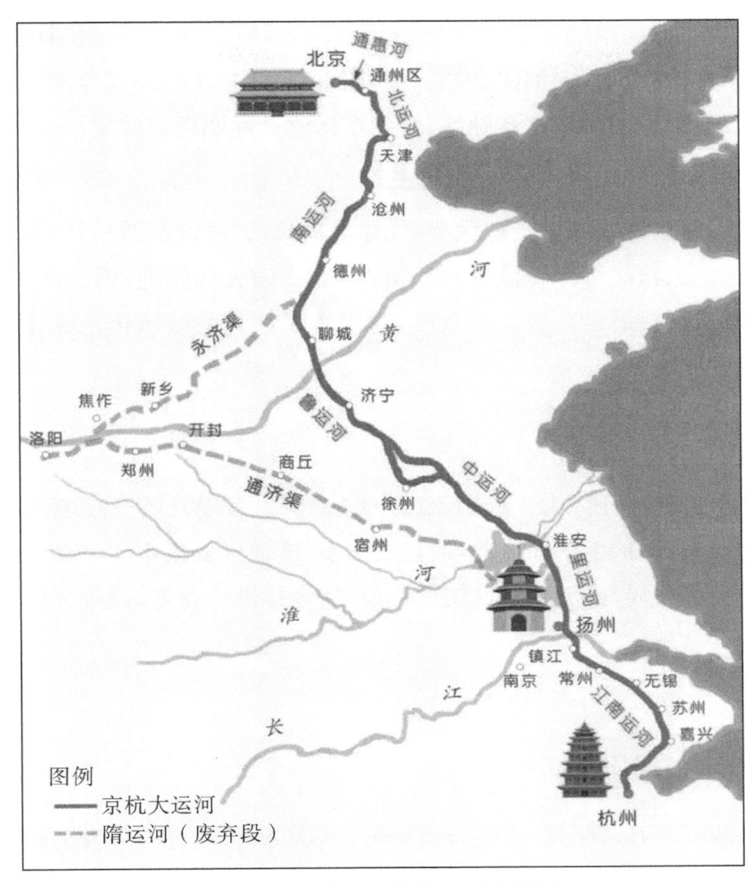

图 4.2-4　京杭大运河平面布置图

4.3　功能定位与工程任务

4.3.1　功能定位

4.3.1.1　长江中游航运主通道

构建能有效破解长江干线航道“中梗阻”，结合其他航运整治工程建成重庆至长江口可通航万吨船舶的干线航道，是长江上游和长江中下游航运沟通的主通道，可做强长江黄金水道“主轴”，支撑长江经济带发展，对接“一带一路”国家倡议。

4.3.1.2　洞庭湖和江汉平原航道网主骨架

以新水道为骨架，向南通过松滋河、虎渡河连通洞庭湖区航道网，向北经东荆河联通汉江，沟通内荆河、四湖东干渠、通顺河等区域水系，构建江汉平原航道网。

4.3.1.3　江汉平原江—河—湖连通的主水脉

新水道江南段自松滋口进流，利用较高的水位条件向松滋河、虎渡河水系和垸内补水，经荆江分洪区垸内水系向藕池河水系及垸内补水，连通洞庭湖；江北段利用长江引流，连通四湖东干区、总干渠、西干渠、内荆河、洪湖等四湖水系，恢复东荆河常年通流，并连通通顺河水系。结合现状水网，形成区域水系脉络，增强水体流动性和环境容量。

4.3.1.4 江汉平原振兴发展示范区的新主轴

利用新水道的深水岸线和水资源优势，优化港口布局，建设新滩口（洪湖）、仙桃、监利新沟（潜江）、江陵、公安、松滋等万吨港区和临港产业带，做大荆州港，强化武汉港航运中心地位，形成江汉平原振兴发展示范区新发展轴，建设武汉至宜昌城镇化走廊，推动产业集聚和江汉平原高质量发展。

4.3.2 工程任务

长江中游新水道建设任务为：突破长江干线“中梗阻”，提升黄金水道通过能力；减小长江干线航运生态压力，保护生态环境；连通区域水系，增强区域供水灌溉和生态保障能力；优化区域生产生活生态布局，推动新型城镇化建设；建设临港产业带，促进区域经济社会发展。

4.4 总体布局

4.4.1 工程总体布局原则

工程布局遵循以下五点原则：一是线路尽可能短，以缩短航程，节省工程投资，降低运行成本；二是充分利用现有河道水系，减少工程占地和社会影响；三是尽量维持现有防洪体系总体格局，并兼顾区域防洪、灌溉、供水及内河航运等水资源综合利用需求；四是尽量减少对自然保护区、历史文物古迹、集中居民点及重要公共基础设施的影响；五是尽可能兼顾当地经济社会发展的需要。

4.4.2 线路方案

以枝城、荆州新沟镇、簰洲湾为控制节点，把长江中游新水道初步分为枝城至新沟镇与新沟镇至簰洲湾两段进行线路选择，综合考虑枝城至簰洲湾段地形地貌、城镇分布、重要基础设施布局等因素，对运河枝城至新沟镇段初步拟定了六个方案，对运河新沟镇至簰洲湾段初步拟定了两个方案。

4.4.2.1 枝城至新沟镇段

方案一至方案四为“跨江线路方案”，运河上段均位于长江以南，需要跨越长江干线或利用干线部分河段；方案五和方案六为“全江北线路方案”，运河双端均位于长江以北。各比选线路方案见图 4.4-1。

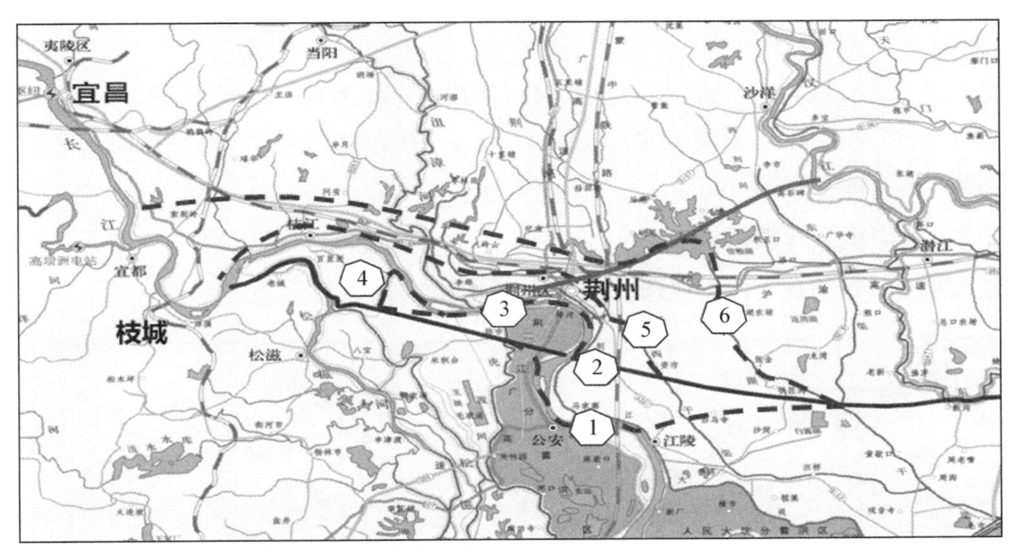

图 4.4-1　运河上段线路方案示意图

(1)方案一

运河上段以松滋口为进口，松滋口至采穴河 31km 利用松滋河、采穴河疏挖，采穴河至运河出口公安县附近 38km 为新开挖航道，再利用约 16km 长江干线至江陵县；江陵县向东至新沟镇开挖河道约 60km 与东荆河相连。

(2)方案二

运河上段以松滋口为进口，松滋口至采穴河 31km 利用松滋河、采穴河疏挖，采穴河至运河出口雷洲村 34km 为新开挖航道；跨越长江干线后以荆州观音寺闸为起点，向东至新沟镇新开挖河道 69km 与东荆河相连。

(3)方案三

运河上段以松滋口为进口，松滋口至采穴河 31km 利用松滋河、采穴河疏挖，采穴河至运河出口涴市镇附近 10km 为新开挖航道；涴市镇至观音寺闸 41km 河段利用长江干线航道；观音寺闸向东至新沟镇新开挖河道 69km 与东荆河相连。

(4)方案四

运河上段以松滋口为进口，松滋口至采穴河出口杨家脑 41km 利用松滋河、采穴河疏挖；杨家脑至观音寺闸 51km 河段利用长江干线航道。观音寺闸向东至新沟镇新开挖河道 69km 与东荆河相连。

(5)方案五

运河进口为枝城大桥下游，枝城至荆州市区开挖 77km 新运河，荆州市区至祝家台子 24km 航道利用西干渠疏挖；祝家台子向东至新沟镇开挖河道约 55km 与东荆河相连。

(6)方案六

运河进口为枝城大桥下游，枝城至江汉运河段 76km 为新开挖运河，江汉运河至长湖 15km 利用江汉运河改造，长湖至北肖家桥 62km 利用四湖总干渠；北肖家桥向东至新沟镇开挖河道约 22km 与东荆河相连。

4.4.2.2 新沟镇至簰洲湾段

新沟镇至簰洲湾段有两个比选线路方案，见图 4.4-2。

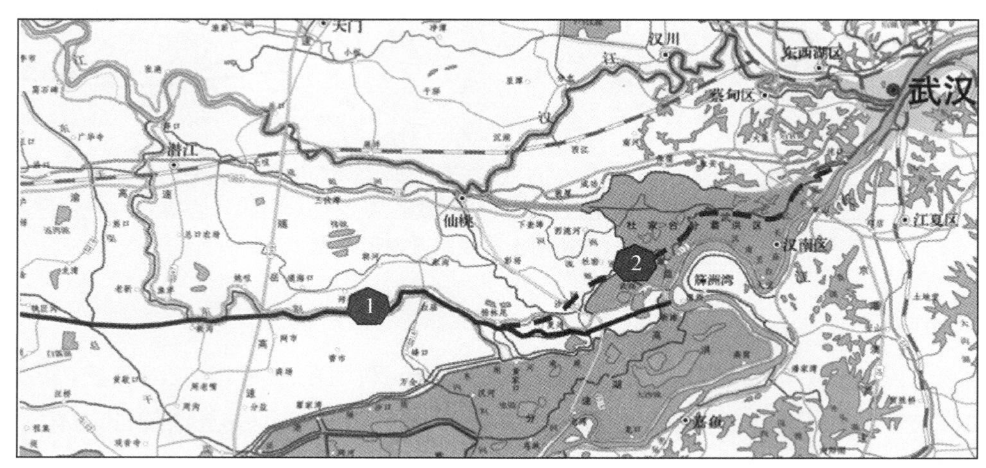

图 4.4-2 运河下段线路方案示意图

(1)方案一

运河下段以新沟镇为起点，向东 100km 至武汉市汉南区的簰洲湾新滩口处入长江，其中 98km 利用现有东荆河河道进行疏挖。

(2)方案二

运河下段以新沟镇为起点，向东利用东荆河原有河道进行疏浚扩挖 65km 至杨林尾镇，杨林尾以东利用通顺河河道疏浚扩挖绕过簰洲湾，穿杜家台蓄滞洪区至武汉沌口港区。

4.4.2.3 线路比选

根据专题三“长江中游新水道典型示范研究”的研究成果，新水道推荐线路为：以松滋口为进口，松滋口至采穴河 31km 利用松滋河、采穴河疏挖，采穴河至运河出口雷洲村 34km 为新开挖航道；跨越长江干线(约 2km)后以观音寺闸为进口，向东至新沟镇新开挖河道 69km 与东荆河相连，继续向东 100km 至武汉市汉南区的簰洲湾新滩口处入长江，其中 98km 利用现有东荆河河道进行疏挖。线路全长约 236km，其中 129km 利用松滋河与采穴河(共 31km)、东荆河(98km)现有河道。运河线路较长江干线缩短里程约 260km，预计建成后可大幅缩减宜昌至武汉航运时间，显著提高水运运输效率。

4.5　工程综合效益

经研究，长江中游新水道方案在社会、经济、生态、水利等方面具有巨大的综合效益，包括以下五点：

(1)避免长江干线航道大规模整治和大量船舶通航对长江江豚、中华鲟等国家重点水生生物保护区的影响，给长江生态"减压"，构建长江绿色生态廊道，很好地解决了长江航运发展与长江大保护的矛盾。

(2)显著提升长江黄金水道功能，结合三峡水运新通道建设，真正形成重庆至长江口万吨级航道，缩短长江干线航道里程约 260km，运输时间相比长江干线减少约 30h，进一步发挥长江水运的低成本、大运量比较优势。

(3)增强重庆港对外的辐射能力，将有力推动西部的发展，同时加强武汉长江中游航运中心建设，形成江汉平原航道网络，带动湖北省交通骨架提档升级，优化湖北省交通运输结构。

(4)重构湖北省江汉平原国土"三生空间"，新水道两岸可形成万吨级深水岸线约 460km，形成武汉经荆州至宜昌的发展带，推动产业集聚和江汉平原高质量发展，2035 年、2050 年长江中游新水道带动形成的湖北省经济增加值预计将达到 4000 亿元、7000 亿元。

(5)连通荆南三河(松滋河、虎渡河、藕池河)、四湖水系、东荆河和通顺河，活化平原水网，向区域河湖补水，保障区域 1000 万亩耕地的供水安全，增加水环境容量，修复区域水系及洪湖、沉湖、东荆河等湿地生态。

4.6　多目标协同航运优化决策综合分析

4.6.1　模型计算

基于建设后期相关指标数值范围及专家问卷打分结果，针对新水道工程建设后期得出各项指标在辨识框架下的置信度(表 4.6-1)，其中属于防洪安全保障、水资源开发利用、航运功能等因素的指标置信度主要集中于 H_4 和 H_5，表明其有着朝利好方向发展的大体趋势。

表 4.6-1　新航道各项指标在辨识框架下的置信度

指标	H_1	H_2	H_3	H_4	H_5	H_0
河岸稳定性	0	0.2	0.2	0.6	0	0
河床稳定性	0	0	0.6	0.2	0.2	0
水系连通性	0	0.2	0	0.4	0.4	0
水功能区水质达标率	0	0	0.25	0.75	0	0
输沙模数	0	0	0.25	0.5	0	0.25

续表

指标	H_1	H_2	H_3	H_4	H_5	H_0
溶解氧量	0	0	0.33	0.67	0	0
生物多样性指数	0	0.25	0.25	0.5	0	0
鱼类生物完整性指数	0	0.25	0.25	0.5	0	0
珍稀水生生物存活状况	0.25	0	0.75	0	0	0
四大家鱼产卵量	0	0	0.5	0.4	0	0.1
防洪工程措施达标率	0	0	0	0.6	0.4	0
防洪非工程措施完善率	0	0	0	0.6	0.4	0
最大排蓄洪水能力	0	0	0	1	0	0
综合灌溉保证率	0	0	0.2	0.2	0.6	0
综合供水保证率	0	0	0.2	0.2	0.6	0
高标准通航水深保证率	0	0	0.2	0.2	0.6	0
航标设施完善率	0	0	0	0.6	0.4	0
通航密度	0	0	0.3	0.6	0	0.1
航运安全保障能力	0	0	0.2	0.3	0.6	0
河道水情变化率	0	0	0.75	0.25	0	0
日径流变差系数	0	0	0.75	0	0	0.25
年径流变化状况	0	0	1	0	0	0
区域 GDP 总额	0	0	0.25	0.5	0.25	0
区域经济发展贡献度	0	0	0.2	0.6	0.2	0
区域就业增长率	0	0	0	0.75	0.25	0
区域城镇化发展水平	0	0	0.3	0.3	0.4	0
交通运输业基础设施投资额	0	0	0	0.5	0.5	0

(1)根据权重系数计算各项指标在辨识框架下的权值置信度(表 4.6-2),按照 Dempster 合成规则进行证据融合,得出所有指标在辨识框架 $H_n(n=1,2,\cdots,N)$ 下的基本概率指派(表 4.6-3)。

表 4.6-2　　新航道各项指标在辨识框架下的权值置信度

指标	H_1	H_2	H_3	H_4	H_5	H_0
河岸稳定性	0	0.0336	0.0336	0.1008	0	0
河床稳定性	0	0	0.1014	0.0338	0.0338	0
水系连通性	0	0.0150	0	0.0300	0.0300	0
水功能区水质达标率	0	0	0.0195	0.0585	0	0
输沙模数	0	0	0.0075	0.0150	0	0.0075
溶解氧量	0	0	0.0143	0.0287	0	0

续表

指标	H_1	H_2	H_3	H_4	H_5	H_0
生物多样性指数	0	0.0120	0.0120	0.0240	0	0
鱼类生物完整性指数	0	0.0048	0.0048	0.0095	0	0
珍稀水生生物存活状况	0.0038	0	0.0113	0	0	0
四大家鱼产卵量	0	0	0.0190	0.0152	0	0.0038
防洪工程措施达标率	0	0	0	0.0315	0.0210	0
防洪非工程措施完善率	0	0	0	0.0182	0.0121	0
最大排蓄洪水能力	0	0	0	0.0235	0	0
综合灌溉保证率	0	0	0.0025	0.0025	0.0076	0
综合供水保证率	0	0	0.0067	0.0067	0.0201	0
高标准通航水深保证率	0	0	0.0036	0.0036	0.0108	0
航标设施完善率	0	0	0	0.0078	0.0052	0
通航密度	0	0	0.0029	0.0059	0	0.0010
航运安全保障能力	0	0	0.0086	0.0129	0.0258	0
河道水情变化率	0	0	0.0219	0.0073	0	0
日径流变差系数	0	0	0.0098	0	0	0.0033
年径流变化状况	0	0	0.0075	0	0	0
区域 GDP 总额	0	0	0.0038	0.0076	0.0038	0
区域经济发展贡献度	0	0	0.0009	0.0026	0.0009	0
区域就业增长率	0	0	0	0.0033	0.0011	0
区域城镇化发展水平	0	0	0.0014	0.0014	0.0018	0
交通运输业基础设施投资额	0	0	0	0.0015	0.0015	0
河岸稳定性	0	0.0336	0.0336	0.1008	0	0

表 4.6-3　基本概率指派 $m_n(a_l)$

H_1	H_2	H_3	H_4	H_5
0.001672	0.033275	0.163994	0.271905	0.089977

其中，由于单个下级指标权重不为 1 所产生的剩余概率 $\bar{m}_H(a_l)$ 为 0.434；由于专家对指标 e_i 评价的不确定性和不知道所引起的概率 $\tilde{m}_H(a_l)$ 为 0.005。

(2) 由基本概率指派 $m_n(a_l)$ 以及 $\tilde{m}_H(a_l)$ 可得出所有指标在辨识框架 $H_n(n=1,2,\cdots,N)$ 下的总置信度(表 4.6-4)。总置信度越大，表明评估结果落于辨识框架下对应等级的结论越可靠。而新水道建设后在所有指标上的不确定置信度 $\beta_H(a_l)$ 为 0.009，低于建设前期的 0.024，表明在证据融合的过程中减弱了数据来源具有的不确定性，也就是说，模型评估效果削弱了不确定性带来的影响。

表 4.6-4 总置信度 $\beta_n(a_l)$

H_1	H_2	H_3	H_4	H_5
0.002955	0.058809	0.289836	0.480553	0.159021

(3) 结合评语集比例标尺法对应的的量化值，计算评价总目标的“确定性”评价值 $S(a_l)$，即为 0.642，即表明证据合成后的航道体系落于“好”的区间，多目标协同发展下的航运优化决策效果明显。

$$S(a_2)=\sum_{n=1}^{N}P(H_n)\beta_n(a_l)=0.642$$

4.6.2 评价结果分析

计算表明，新水道建设后，长江中游航道整体指标处于“好”的状态，而建设前处于“一般”的状态，且新水道建设后在所有指标上的不确定置信度比建设前有所降低，说明项目建设对于长江中游多目标协同下的航运条件有较为明显的改善提升效果，同时有利于长江中游流域生态环境的改善，优化河流的自然功能、生态环境功能和社会服务功能，从而实现长江中游航运与生态保护的协同发展。

结合各指标综合权重值以及表 4.6-2 所示的新水道建设后各项指标在辨识框架下的置信度可知，原本置信度集中于“差至较差”范围内的高标准通航水深保证率、通航密度等指标在新水道建设后其置信度基本提升情况集中于“一般至好”范围内。而原本置信度集中于“较差至一般”范围内的河岸稳定性、河床稳定性、航运安全保障能力、河道水情变化率、日径流变差系数、年径流变化状况、水功能区水质达标率、溶解氧量、生物多样性指数、鱼类生物完整性指数、四大家鱼产卵量、最大排蓄洪水能力、区域 GDP 总额、区域经济发展贡献度、区域就业增长率、区域城镇化发展水平、交通运输业基础设施投资额等指标在新航道建设后其置信度也集中于“一般至好”范围内。这是由于航道工程建设完毕后连通荆南三河、四湖水系、东荆河和通顺河，活化平原水网，向区域河湖补水，保障区域耕地的供水安全，增加水环境容量，修复区域水系及洪湖、沉湖、东荆河等湿地生态，同时兼顾了现有防洪体系的总体布局，在此基础上提升了防洪标准和防洪能力，与工程综合有利影响描述基本一致。

同时，从生态环境适应性角度而言，工程的建设可以减少长江干流的航运量，且避免了长江干线航道大规模整治和大量船舶通航对长江江豚、中华鲟等国家重点水生生物保护区的影响，有利于该江段珍稀水生动物和重要经济鱼类的种群维持，给长江生态“减压”，构建长江绿色生态廊道，很好地解决了长江航运发展与长江大保护的矛盾，提升水系连通性、综合灌溉保证率、综合供水保证率等多个指标处于“好”与“很好”范围内的置信度，确保生态敏感区不受较大影响。新水道工程对于长江中游航运功能、河流生态环境有明显的改善效果，合理建立了流域发展与保护间的平衡机制，有利于长江中游通航水平和生态环境均保持长期向好发展的态势。

4.7　本章小结

为解决长江“中梗阻”问题，结合长江中游多目标协同航运优化决策模型对现状长江中游航道评价结果，提出了航运、生态环境保护、防洪、水资源利用等多目标协同的长江中游新水道建设方案，与长江干流形成“双通道”新格局。

采用长江中游多目标协同航运优化决策模型对长江中游新水道思路进行了航运优化效果分析，计算结果表明，新水道建设后，长江中游航道整体指标处于“一般至好”的状态，且新水道建设后在所有指标上的不确定置信度比建设前有所降低，说明长江中游多目标协同航运优化决策引导下的项目建设，不仅有利于破除航运“中梗阻”等不利影响，也有利于长江中游流域生态环境的改善，优化河流的自然功能、生态环境功能和社会服务功能，提升长江流域航运地位，构建可持续发展综合运输体系。

第5章　结论与建议

本专题以健康河流为基础，以破除长江航道“中梗阻”为目标，提出了多目标协同航运优化决策评价的内涵，综合考虑长江中游防洪、水资源利用、生态环境保护等内外部约束条件，构建了完整的长江中游开发与保护评价指标体系和基于证据推理的多指标评价模型，根据评价结果研究提出了长江中游航运优化方案。主要结论及建议如下。

(1)以建设长江黄金水道为出发点，从航运功能、航道稳定状况、水文情势变化、航道生态特性、生态环境适应性、防洪安全保障、水资源开发利用、区域经济发展等八个方面，筛选出27项评价指标，构建了长江中游多目标协同航运优化决策评价指标体系。在此基础上，针对指标体系中存在较多的不确定性因素，以证据推理、信息融合、模糊数学及效用理论为基础，构建基于证据推理法的长江中游多目标协同航运优化决策模型，使定量和定性指标能比较、累加与合成，从而实现对评价指标体系的有效评价。决策模型可用于对现状长江中游航运发展和生态保护、防洪安全等方面的协调性进行评价，为长江中游航道条件优化提供决策依据。

(2)采用长江中游多目标协同航运优化决策模型对长江中游现状进行了评价，结果表明，现状长江中游航道整体指标处于“一般”的状态。基于现状评价结果提出了中游航运发展的两个工程建设思路，即“航道整治思路”和“新水道建设思路”，其中“新水道建设思路”为充分利用江汉平原地势平缓、水网密布的优势，打通一条连接荆州至武汉、可通航万吨船舶的新水道，与长江干流生态通道形成中游“双通道”新格局；在此基础上通过构建中游综合水利工程体系，达到干流生态环境保护、防洪安全、河势稳定以及区域排涝、供水、生态补水等目的。

(3)针对“新水道建设思路”的决策评价表明，新水道建设可使长江中游整体指标处于“好”的状态，且新水道建设后在所有指标上的不确定置信度比建设前有所降低，说明长江中游新水道建设，不仅有利于破除航运“中梗阻”等不利影响，也有利于长江中游流域生态环境的改善，使长江中游在航运发展等河流开发活动与河流健康之间趋于更高层次的平衡与协调。

附录1 长江中游人工水道项目评价指标权重调查表

您好！非常感谢您参与我们的问卷调查，此次调查希望借助您的专业知识及经验对长江中游多目标协同大型人工水道关键技术进行项目评估，不存在任何商业用途，更不会泄露您的任何隐私。整个问卷中涉及的领域较多，请根据您的实际情况填写擅长的领域，非专业领域可不用填写。谢谢您的合作！

一、个人信息

姓　　名：　　　　　　　　联系方式：

工作单位：　　　　　　　　工作部门：

二、长江中游人工水道综合评价指标体系

总体层	系统层	状态层	指标层	
长江中游多目标协同航运优化决策评价	自然属性	航道稳定状况	1	河岸稳定性
			2	河床稳定性
			3	水系连通性
	生态属性	航道生态特性	4	水功能区水质达标率
			5	输沙模数
			6	溶解氧量
		生态环境适应性	7	生物多样性指数
			8	鱼类生物完整性指数
			9	珍稀水生生物存活状况
			10	四大家鱼产卵量
	社会属性	防洪安全保障	11	防洪工程措施达标率
			12	防洪非工程措施完善率
			13	最大排蓄洪水能力

续表

总体层	系统层	状态层	指标层	
长江中游多目标协同航运优化决策评价	社会属性	水资源开发利用	14	综合灌溉保证率
			15	综合供水保证率
		航运功能	16	高标准通航水深保证率
			17	航标设施完善率
			18	通航密度
			19	航运安全保障能力
		水文情势变化	20	河道水情变化率
			21	日径流变差系数
			22	年径流变化状况
		区域经济发展状况	23	区域 GDP 总额
			24	区域经济发展贡献度
			25	区域就业增长率
			26	区域城镇化发展水平
			27	交通运输业基础设施投资额

三、长江中游人工水道综合评价指标打分表

填表说明:打分表只需填写左下方白色区域,标度详细含义如下表。

标度	含义	标度	含义
1	两个因素具有同等重要性	—	—
3	因素 i 比因素 j 稍微重要	$\frac{1}{3}$	因素 j 比因素 i 稍微重要
5	因素 i 比因素 j 明显重要	$\frac{1}{5}$	因素 j 比因素 i 明显重要
7	因素 i 比因素 j 强烈重要	$\frac{1}{7}$	因素 j 比因素 i 强烈重要
9	因素 i 比因素 j 极端重要	$\frac{1}{9}$	因素 j 比因素 i 极端重要
2,4,6,8	上述两相邻判断的中值	$\frac{1}{2},\frac{1}{4},\frac{1}{6},\frac{1}{8}$	上述两相邻判断的中值

1. 系统层指标打分表

被比项 j / 比项 i	自然属性	生态属性	社会属性
自然属性			
生态属性			
社会属性			

2. 状态层指标打分表

(1)生态属性指标打分表

被比项 j / 比项 i	航道生态特性	生态环境适应性
航道生态特性		
生态环境适应性		

(2)社会属性指标打分表

被比项 j / 比项 i	防洪安全保障	水资源开发利用	航运功能	水文情势变化	区域经济发展状况
防洪安全保障					
水资源开发利用					
航运功能					
水文情势变化					
区域经济发展状况					

3. 指标层指标打分表

(1)航道稳定状况指标打分表

被比项 j / 比项 i	河岸稳定性	河床稳定性	水系连通性
河岸稳定性			
河床稳定性			
水系连通性			

(2)航道生态特性指标打分表

被比项 j / 比项 i	水功能区水质达标率	输沙模数	溶解氧量
水功能区水质达标率			
输沙模数			
溶解氧量			

(3)生态环境适应性指标打分表

被比项 j / 比项 i	生物多样性指数	鱼类生物完整性指数	珍稀水生生物存活状况	四大家鱼产卵量
生物多样性指数				
鱼类生物完整性指数				
珍稀水生生物存活状况				
四大家鱼产卵量				

(4)防洪安全保障指标打分表

被比项 j / 比项 i	防洪工程措施达标率	防洪非工程措施完善率	最大排蓄洪水能力
防洪工程措施达标率			
防洪非工程措施完善率			
最大排蓄洪水能力			

(5)水资源开发利用指标打分表

被比项 j / 比项 i	综合灌溉保证率	综合供水保证率
综合灌溉保证率		
综合供水保证率		

(6)航运功能指标打分表

被比项 j / 比项 i	高标准通航水深保证率	航标设施完善率	通航密度	航运安全保障能力
高标准通航水深保证率				
航标设施完善率				
通航密度				
航运安全保障能力				

(7)水文情势变化指标打分表

被比项 j / 比项 i	河道水情变化率	日径流变差系数	年径流变化状况
河道水情变化率			
日径流变差系数			
年径流变化状况			

(8)区域经济发展状况指标打分表

被比项 j / 比项 i	区域 GDP 总额	区域经济发展贡献度	区域就业增长率	区域城镇化发展水平	交通运输业基础设施投资额
区域 GDP 总额					
区域经济发展贡献度					
区域就业增长率					
区域城镇化发展水平					
交通运输业基础设施投资额					

附录2 长江中游人工水道项目调查表

您好！非常感谢您参与我们的问卷调查，此次调查希望借助您的专业知识及经验对长江中游多目标协同大型人工水道关键技术进行项目评估，不存在任何商业用途，更不会泄露您的任何隐私。整个问卷中涉及的领域较多，请根据您的实际情况填写擅长的领域，非专业领域可不用填写。谢谢您的合作！

一、个人信息

姓　　名：　　　　　　联系方式：

工作单位：　　　　　　工作部门：

二、河流自然形态（单选）

1. 河岸稳定性

项目建设前：□差　□较差　□一般　□好　□很好　□不确定

项目建设后：□差　□较差　□一般　□好　□很好　□不确定

2. 河床稳定性

项目建设前：□差　□较差　□一般　□好　□很好　□不确定

项目建设后：□差　□较差　□一般　□好　□很好　□不确定

3. 水系连通性

项目建设前：□差　□较差　□一般　□好　□很好　□不确定

项目建设后：□差　□较差　□一般　□好　□很好　□不确定

三、水环境状况（单选）

4. 水功能区水质达标率

项目建设前：□差　□较差　□一般　□好　□很好　□不确定

项目建设后：□差　□较差　□一般　□好　□很好　□不确定

5. 输沙模数

项目建设前:□差　□较差　□一般　□好　□很好　□不确定

项目建设后:□差　□较差　□一般　□好　□很好　□不确定

6. 血吸虫病传播阻断率

项目建设前:□差　□较差　□一般　□好　□很好　□不确定

项目建设后:□差　□较差　□一般　□好　□很好　□不确定

7. 溶解氧量

项目建设前:□差　□较差　□一般　□好　□很好　□不确定

项目建设后:□差　□较差　□一般　□好　□很好　□不确定

四、水生生物状况(单选)

8. 生物多样性指数

项目建设前:□差　□较差　□一般　□好　□很好　□不确定

项目建设后:□差　□较差　□一般　□好　□很好　□不确定

9. 鱼类生物完整性指数

项目建设前:□差　□较差　□一般　□好　□很好　□不确定

项目建设后:□差　□较差　□一般　□好　□很好　□不确定

10. 珍稀水生生物存活状况

项目建设前:□差　□较差　□一般　□好　□很好　□不确定

项目建设后:□差　□较差　□一般　□好　□很好　□不确定

11. 四大家鱼产卵量

项目建设前:□差　□较差　□一般　□好　□很好　□不确定

项目建设后:□差　□较差　□一般　□好　□很好　□不确定

五、防洪安全保障(单选)

12. 防洪工程措施达标率

项目建设前:□差　□较差　□一般　□好　□很好　□不确定

项目建设后:□差　□较差　□一般　□好　□很好　□不确定

13. 防洪非工程措施完善率

项目建设前:□差　□较差　□一般　□好　□很好　□不确定

项目建设后:□差　□较差　□一般　□好　□很好　□不确定

14. 最大排蓄洪水能力

项目建设前:□差　□较差　□一般　□好　□很好　□不确定

项目建设后:□差　□较差　□一般　□好　□很好　□不确定

六、水资源开发利用(单选)

15. 综合灌溉保证率

项目建设前:□差 □较差 □一般 □好 □很好 □不确定

项目建设后:□差 □较差 □一般 □好 □很好 □不确定

16. 综合供水保证率

项目建设前:□差 □较差 □一般 □好 □很好 □不确定

项目建设后:□差 □较差 □一般 □好 □很好 □不确定

七、航运功能(单选)

17. 高标准通航水深保证率

项目建设前:□差 □较差 □一般 □好 □很好 □不确定

项目建设后:□差 □较差 □一般 □好 □很好 □不确定

18. 航标设施完善率

项目建设前:□差 □较差 □一般 □好 □很好 □不确定

项目建设后:□差 □较差 □一般 □好 □很好 □不确定

19. 通航密度

项目建设前:□差 □较差 □一般 □好 □很好 □不确定

项目建设后:□差 □较差 □一般 □好 □很好 □不确定

20. 船舶污染物排放状况

项目建设前:□差 □较差 □一般 □好 □很好 □不确定

项目建设后:□差 □较差 □一般 □好 □很好 □不确定

21. 航运安全保障能力

项目建设前:□差 □较差 □一般 □好 □很好 □不确定

项目建设后:□差 □较差 □一般 □好 □很好 □不确定

八、水文情势变化(单选)

22. 河道水情变化率

项目建设前:□差 □较差 □一般 □好 □很好 □不确定

项目建设后:□差 □较差 □一般 □好 □很好 □不确定

23. 日径流变差系数

项目建设前:□差 □较差 □一般 □好 □很好 □不确定

项目建设后:□差 □较差 □一般 □好 □很好 □不确定

24. 年径流变化状况

项目建设前:□差 □较差 □一般 □好 □很好 □不确定

项目建设后：□差　□较差　□一般　□好　□很好　□不确定

九、区域经济发展状况（单选）

25. 区域 GDP 总额

项目建设前：□差　□较差　□一般　□好　□很好　□不确定

项目建设后：□差　□较差　□一般　□好　□很好　□不确定

26. 区域经济发展贡献度

项目建设前：□差　□较差　□一般　□好　□很好　□不确定

项目建设后：□差　□较差　□一般　□好　□很好　□不确定

27. 区域就业增长率

项目建设前：□差　□较差　□一般　□好　□很好　□不确定

项目建设后：□差　□较差　□一般　□好　□很好　□不确定

28. 区域城镇化发展水平

项目建设前：□差　□较差　□一般　□好　□很好　□不确定

项目建设后：□差　□较差　□一般　□好　□很好　□不确定

29. 交通运输业基础设施投资额

项目建设前：□差　□较差　□一般　□好　□很好　□不确定

项目建设后：□差　□较差　□一般　□好　□很好　□不确定

参考文献

[1] Boon P J, Davies B R, Petts G E. Global Perspectives on River Conservation: Science, Policy and Practice[M]. John Wiley&Sons, 2000.

[2] Fairweather, Peter G. State of Environment Indicators of 'River Health': Exploring the Metaphor[J]. Freshwater Biology, 1999, 41(2): 211-220.

[3] Goulding R, Jayasuriya N, Horan E. A Bayesian Network Model to Assess the Public Health Risk Associated with Wet Weather Sewer Overflows Discharging into Waterway[J]. Water Research, 2012, 46(16): 4933-4940.

[4] Hughes R M, Paulsen S G, Stoddard J L. EMAP-Surface Waters: A Multiassemblage, Probability Survey of Ecological Integrity in the U. S. A. [J]. Hydrobiologia, 2000, 422(4): 429-443.

[5] Karr J R. Ecological Perspective on Water Quality Goals[J]. Environmental Management, 1981, 5(1): 55-68.

[6] Kleynhans C J. A Qualitative Procedure for the Assessment of the Habitat Integrity Status of the Luvuvhu River (Limpopo System, South Africa)[J]. Journal of Aquatic Ecosystem Health, 1996, 5(1): 41-54.

[7] Meyer J L. Stream Health: Incorporating the Human Dimension to Advance Stream Ecology[J]. Journal of the North American Benthological Society, 1997, 16(2): 439-447.

[8] Mou J M, Tak C, Han L. Study on Collision Avoidance in Busy Waterways by Using AIS Data[J]. Ocean Engineering, 2010, 37(5-6): 483-490.

[9] Postel S. Rivers of Life: the Challenge of Restoring Health to Freshwater Ecosystems[J]. Water Science & Technology: A Journal of the International Association on Water Pollution Research, 2002, 45(11): 3-8.

[10] Raven P J, Holmes, H T H, et al. River Habitat Quality the Physical Character of Rivers and Stream in the UK and Isle of Man[M]. River Habitat Survey Report, No. 2, 1998.

[11] Schofield N J, Davies P E. Measuring the Health of Our Rivers[J]. Water-Melbourne

Then Artarmon,1996,23:39-43.

[12] Simpson J,Norris R,Barmuta L. AusRivAS-National River Health Program[J]. User Manual Website Version,1999.

[13] Scrimgeour G J,Dan W. Aquatic Ecosystem Health and Integrity:Problems and Potential Solutions[J]. Journal of the North American Benthological Society,1996,15(2):254-261.

[14] Stribling J,Paul M J,Flotemersch J. Concepts and Approaches for the Bioassessment of Non-Wadeable Streams and Rivers[J],2006.

[15] Vugteveen P,Leuven R S E W,Huijbregts M A J,et al. Redefinition and Elaboration of River Ecosystem Health:Perspective for River Management[J]. Hydrobiologia,2006,565(1):289-308.

[16] Wright J F,Sutcliffe D W,Furse M T. Assessing the Biological Quality of Freshwaters[J]. RIVPACS and Other Techniques,Freshwater Biological Association,Ambleside,England,2000.

[17] 蔡蕃.京杭大运河水利工程[M].电子工业出版社,2014.

[18] 陈善荣,何立环,张凤英,等.2016—2019年长江流域水质时空分布特征[J].环境科学研究,2020,33(5):1100-1108.

[19] 董耀华.2016洪水长江中下游防洪与治河问题再探[J].长江科学院院报,2020,37(1):1-6.

[20] 董哲仁.河流健康的内涵[J].中国水利,2005(4):15-18.

[21] 方艮海,赵韩.模糊证据理论的推广及其在产品可靠性评估中的应用[J].机床与液压,2007(3):199-201.

[22] 胡春宏,陈建国,孙雪岚,等.黄河下游河道健康状况评价与治理对策[J].水利学报,2008,39(10):1189-1196.

[23] 姜江,李璇,邢立宁,等.基于模糊证据推理的系统风险分析与评价[J].系统工程理论与实践,2013(2):529-537.

[24] 金贵,王占岐,李伟松,等.模糊证据权法在西藏一江两河流域耕地适宜性评价中的应用[J].自然资源学报,2014(7):1246-1256.

[25] 匡舒雅,李天宏.五元联系数在长江下游生态航道评价中的应用[J].南水北调与水利科技,2018,16(5):93-101.

[26] 李海英,冯冬,宋建成.中压真空断路器的模糊—证据理论在线状态评估模型[J].高压电器,2013(1):40-45.

[27] 李天宏,薛晶,夏炜,等.组合赋权法—木桶综合指数法在长江生态航道评价中的应用[J].应用基础与工程科学学报,2019,27(1):36-49.

[28] 李天宏,丁瑶,倪晋仁,等.长江中游荆江河段生态航道评价研究[J].应用基础与

工程科学学报,2017,25(2):221-234.

[29] 李琳琳,卢少勇,孟伟,等.长江流域重点湖泊的富营养化及防治[J].科技导报,2017,35(9):13-22.

[30] 李新民,赵俊华.长江中游地区水资源利用[J].华中师范大学学报(自科版),1999(1):142-144.

[31] 林木隆,李向阳,杨明海.珠江流域河流健康评价指标体系初探[J].人民珠江,2006(4):1-3,14.

[32] 刘晓燕,张建中,张原锋.黄河健康生命的指标体系[J].地理学报,2006,61(5):451-460.

[33] 刘营.河流健康的模糊评价模型研究[J].广西水利水电,2018(2):95-99.

[34] 刘怀汉,尹书冉.长江航道泥沙问题与治理技术进展[J].人民长江,2018,49(15):18-24.

[35] 刘星童,渠庚,徐一民.长江马鞍山河段演变规律与治理思路研究[J].人民长江,2021,52(6):1-6.

[36] 刘录三,黄国鲜,王璠,等.长江流域水生态环境安全主要问题、形势与对策[J].环境科学研究,2020,33(5):1081-1090.

[37] 钮新强.长江黄金水道建设关键问题与对策[J].中国水运,2015(6):10-12.

[38] 钱芳.基于模糊证据理论的和谐社会的测评[J].统计与决策,2008(20):33-36.

[39] 孙铭帅.长江中游城陵矶至宜昌江段鱼群密度分布特征研究[D].华中农业大学,2013.

[40] 汪永东,陈颖.模糊证据理论及其在信息融合中的应用[J].工矿自动化,2006(5):32-34.

[41] 王古常,成坚,鲍传美,等.模糊推理和证据理论融合的航空发动机故障诊断[J].航空动力学报,2011(9):2101-2106.

[42] 魏轩,刘瑜,胡家彬. 三峡水库试验性蓄水后荆江三口分流变化[J].人民长江,2020,51(8):99-103.

[43] 文伏波,韩其为,许炯心,等.河流健康的定义与内涵[J].水科学进展,2007,18(1):140-150.

[44] 吴阿娜.河流健康评价:理论、方法与实践[D].华东师范大学,2008.

[45] 吴道喜,黄思平.健康长江指标体系研究[J].水利水电快报,2007(12):1-3.

[46] 奚雪松,陈琳.美国伊利运河国家遗产廊道的保护与可持续利用方法及其启示[J]. 国际城市规划,2013,28(4):100-107.

[47] 夏向阳,张琦,李明德,等.证据理论与模糊理论集成的XLPE电缆绝缘状态评估研究[J].电力系统保护与控制,2014(20):13-18.

[48] 夏军强,周美蓉,许全喜,等.三峡工程运用后长江中游河床调整及崩岸特点[J].

人民长江，2020(1)：16-27.

[49] 许全喜，袁晶，伍文俊，等. 三峡工程蓄水运用后长江中游河道演变初步研究[J]. 泥沙研究，2011(2)：38-46.

[50] 杨剑波. 多目标决策方法与应用[M]. 湖南出版社，1996.

[51] 杨晶晶. 江经济带经济与生态关系演变的历史分析(1979—2015 年)——以水环境为中心[D]. 中南财经政法大学，2015.

[52] 阎云杰，施勇，贾雅兰，等. 三峡水库蓄水后荆江三口分流能力变化原因初探[J]. 人民长江，2020，51(5)：102-107.

[53] 岳朝升. 基于模糊证据推理的铁路隧道施工风险分析[D]. 石家庄铁道大学，2015.

[54] 游立新，王珂，祝坐满，等. 长江中游江段水生生物资源调查及航道整治工程影响预测分析[J]. 三峡环境与生态，2017，39(6)：43-46.

[55] 张曼，周建军，黄国鲜. 长江中游防洪问题与对策[J]. 水资源保护，2016，32(4)：1-10.

[56] 张柱. 河流健康综合评价指数法评价袁河水生态系统健康[D]. 南昌大学，2011.

[57] 赵蕾. 长江中游城市群工业废水排放时空格局演变及其减排潜力研究[D]. 江西财经大学，2020.

[58] 赵云峰，张永强，聂德鑫，等. 基于模糊和证据理论的变压器本体绝缘状态评估方法[J]. 电力系统保护与控制，2014(23)：57-62.

[59] 周建军. 三峡工程建成后长江中游的防洪形势和解决方案(Ⅱ)[J]. 科技导报，2010(23)：46-55.

[60] 朱勇辉，黄莉，郭小虎，等. 三峡工程运用后长江中游沙市河段演变与治理思路[J]. 泥沙研究，2016(3)：31-37.

[61] 朱孔贤，蒋敏，黎礼刚，等. 生态航道层次分析评价指标体系初探[J]. 中国水运. 航道科技，2016(2)：13-17.